# 岩土工程施工与测绘技术应用

郎雷亮　金　波　李　果　著

汕頭大學出版社

**图书在版编目（CIP）数据**

岩土工程施工与测绘技术应用 / 郎雷亮，金波，李果著 . -- 汕头 ：汕头大学出版社，2024. 5. -- ISBN 978-7-5658-5313-5

Ⅰ . TU4；P2

中国国家版本馆 CIP 数据核字第 2024LE0027 号

岩土工程施工与测绘技术应用
YANTU GONGCHENG SHIGONG YU CEHUI JISHU YINGYONG

作　　者：郎雷亮　金　波　李　果
责任编辑：黄洁玲
责任技编：黄东生
封面设计：刘梦杳
出版发行：汕头大学出版社
　　　　　广东省汕头市大学路 243 号汕头大学校园内　邮政编码：515063
电　　话：0754-82904613
印　　刷：廊坊市海涛印刷有限公司
开　　本：710mm×1000mm　1/16
印　　张：11.5
字　　数：195 千字
版　　次：2024 年 5 月第 1 版
印　　次：2024 年 7 月第 1 次印刷
定　　价：68.00 元
ISBN 978-7-5658-5313-5

# 前　言

　　随着我国社会经济的不断发展，我国的岩土工程建设项目得到了较快的发展，一个又一个大型工程项目的成功建设，体现了我国岩土工程建设技术的迅猛提升。目前，我国对于岩土工程建设仍有较大的需求，对岩土工程的技术、质量、环境等方面的要求也越来越高。对于岩土工程来说，施工质量的控制对岩土工程建设的质量控制具有重要的影响。因此，加强对岩土工程施工技术与质量控制的研究显得尤为必要。

　　当前，随着岩土工程施工的不断发展，岩土工程施工中出现了许多新情况、新问题，因此，对于岩土工程的施工技术也提出了新的要求。当今社会科技发展日新月异，岩土工程学科也取得了较大的发展，如原位测试、地基处理等技术不断创新，并应用于岩土工程施工实践中。施工技术的创新与应用也推动了岩土工程施工质量控制的新发展。

　　工程安全性问题最基础最首要的是地质问题，但仅仅认识问题已远远不能满足工程要求，必须立足地质去解决问题，这是工程地质学科发展的一个重要方向——地质工程，而工程地质勘察与测试技术方法是地质工程理论体系中的一个重要方面，它是认识与掌握自然地质条件、获取岩土体基本参数、实施岩土体改造的必要技术，是解决地质问题的重要手段之一。

　　本书围绕"岩土工程施工与测绘技术应用"这一主题，以工程勘察钻探施工为切入点，由浅入深地阐述钻探方法、原状样采取、原位测试，介绍了明挖法与辅助施工技术，并系统地分析了岩土工程监测、工程地质测绘与调查、地质勘探工程测量、岩土工程施工测量等内容，以期为读者理解与践行岩土工程施工与测绘技术提供参考。本书内容翔实、条理清晰、逻辑合理，兼具理论性与实践性，适用于从事相关工作与研究的专业人员。

　　由于笔者水平有限，时间仓促，书中难免有疏漏和不妥之处，恳请读者批评指正。

# 目　录

# 第一章  工程勘察钻探施工

## 第一节  工程勘察钻探概述

### 一、工程勘察钻探的目的

岩土工程勘察钻探（以下称工程勘察钻探）按照钻探的目的不同，可以分为工程勘察钻探和工程施工钻探，主要用于各种工程的勘察和施工；在应用范围上，既有地表各项工程勘察钻探又有地下和水上工程勘察钻探。随着工程建设事业的发展，原有的设备和工艺已远远不能满足工程勘察钻探的需要，目前工程勘察钻探的设备和工艺逐步向专用化及多样化方向发展，而且已经成为钻探技术的一个重要组成部分。

岩土工程包括以下四个方面的内容：岩土工程勘察、岩土工程设计、岩土工程施工和岩土工程监测。在岩土工程各个方面的工作中，首先要进行的是岩土工程勘察工作，岩土工程勘察成果的质量将直接影响岩土工程设计、施工的成果质量。各项工程建设在设计和施工之前必须按基本建设程序进行岩土工程勘察，先勘察、后设计、再施工是工程建设必须遵守的程序，是国家一再强调的十分重要的基本政策，工程勘察钻探是岩土工程勘察的重要手段之一，可以说工程勘察钻探是做好岩土工程勘察、岩土工程设计、岩土工程施工和岩土工程监测的基础。

钻探是利用特殊工具或钻机，以人力或机械作为动力，为探明地下资源及地质情况以取得地质资料向地层内部钻孔的钻进。在工程勘察钻探过程中，要采取原状岩（土、砂、水）样和在孔内进行各种原位测试，以获取建筑物基础的工程地质资料和岩土层的物理力学性质指标，为选择适宜的建筑物地点，确定建筑物的类型和结构，制订合理的施工方法，以及为防治滑坡、泥石流、地面沉陷等不良工程地质作用而采取的工程措施提供必要的工程地质依据。工程勘察钻探的目的有如下几个方面。

（1）揭露并划分地层，鉴定和描述岩土的性质和成分，查明地质构造。

（2）采取土样和岩心，进行试验和分析，确定岩土的物理力学性质，为设计提供可靠的依据。

（3）进行工程地质和水文地质的观测和试验，了解岩（土）体的渗透性及地下水类型，测量地下水位，采取水样进行水质分析，以了解地下水的物理和化学性质，判定水质对建筑材料的腐蚀性。

（4）查清不良地质现象的分布特征、界线和形态等，预防不良地质作用和地质灾害。

（5）利用钻孔进行原位测试（载荷试验、静力触探试验、圆锥动力触探试验、标准贯入试验、十字板剪切试验、旁压试验等）、水文地质试验（如抽水试验、压水试验）和长期观测等。

## 二、工程勘察钻孔的类型

在工程勘察钻探中，不管钻孔的类型如何划分，对钻孔的要求是一致的，即要求从钻孔中能获得详尽的工程地质及水文地质资料、可靠的物理力学性质指标，并能在钻孔中进行相关原位试验和水文地质试验工作。为此，在进行钻孔结构设计时不但要考虑钻孔的目的及用途和现有的钻机、动力机及其他设备的情况，还应考虑所适用的取土器规格和进行原位测试、水文地质试验所使用的设备、仪器等，根据钻孔性质的不同，可分为以下四种类型。

（1）测绘孔：为配合工程勘察、地质测绘而钻得少量的浅孔，在孔内采取原状样品进行室内试验，以查清测绘区域内岩土的工程地质特征。

（2）勘探孔：在勘察阶段中，用以了解基础的详细地质情况，为建筑物地基基础设计、地基处理与加固等提供资料而进行的钻孔。勘探孔分为一般性钻孔及控制性钻孔两类，控制性勘探钻孔比一般性勘探钻孔要深一些；控制性勘探钻孔的作用是了解较深部的地层岩性及是否存在软弱地层及其他地质问题。

（3）控制孔：为了编制地层岩性、工程地质和水文地质剖面，便于工程地质分区而钻得的钻孔。

（4）试验孔：为进行原位测试或进行水文地质试验所钻的孔。

### 三、工程勘察钻探的分类

工程勘察钻探方法多种多样。钻探方法的选择应根据岩土的性质、钻孔的目的、钻孔的深度、设备情况和施工条件而定，所选用的钻探方法应充分保证岩土的工程勘察成果的质量，在工程勘察钻探中，首先应选择工艺简单、易于操作、较为通用的钻探方法。工程勘察钻探分类如下。

#### (一) 按钻探时外力作用的性质和方式的不同划分

1. 回转钻探

在轴向压力和水平回转力同时作用下将人力或钻机的动力通过一定的传动方式，直接或间接地传至孔底，在孔底回转以压入压碎和剪切破碎岩土进而向地下进行钻进以获得土样和岩样的一种方法。回转钻探又可分为螺旋钻探、无岩心钻探和岩心钻探。

2. 冲击钻探

是利用冲击钻机或卷扬机悬吊起冲击钻头（冲锤）上下往复运动，用冲击钻头的冲击力将岩土破碎，再用一定的方法将破碎的岩土取出钻孔内的一种钻进方法。冲击钻探根据所采用的动力不同可分为人力冲击钻探和机械冲击钻探两种；根据冲击工具的不同又可分为钢绳冲击钻探和钻杆冲击钻探；按冲击时有无介质又可分为纯冲击钻探和锤击钻探。

3. 振动钻探

主要应用于砂层、砂土层、卵砾石、碎石以及黏性土地层中的钻进。振动钻探是在振动器的作用下，使整个钻具发生振动而将振动力传到钻头周围的岩土中，在钻具和振动器的振动力及自重作用下，钻头周围岩土抗剪强度下降而切入岩土中从而实现钻进。振动钻探包括上位冲锤和下位冲锤两种钻进方法，其中下位冲锤振动钻探具有机械组钻速高、应用范围广、钻孔深度大等特点。在振动钻进中，还可以利用振动器下入并起拔套管以及处理孔内事故等。

4. 冲洗钻探

主要是通过高压射水破坏孔底土层实现钻进，土层破碎后随水流冲出地面。

### (二) 按钻探深度不同划分

1. 浅部土层钻探

一般来讲，把小于 5 ~ 10m 的工程勘察钻探孔称为浅孔，勘探浅部土层可采用的钻探方法有：人力钻 (洛阳铲) 钻进；小口径麻花钻 (或提土钻) 钻进；小口径勺钻钻进。

2. 深部岩土层钻探

深孔钻探方法包括硬质合金钻探、金刚石钻探和空气潜孔锤钻探。

### (三) 按钻探对象的不同划分

1. 工程勘察钻探

工程勘察钻探包括：房屋建筑和构筑物钻探；地下硐室钻探；岸边工程钻探；管道和架空线路工程钻探；废弃物处理工程钻探；核电厂钻探；边坡工程钻探；基坑工程钻探；桩基础钻探；地基处理钻探；既有建筑物的增载和保护钻探。

2. 不良地质作用和地质灾害钻探

不良地质作用和地质灾害钻探包括：岩溶钻探；滑坡钻探；危岩和崩塌钻探；泥石流钻探；采空区钻探；地面沉降钻探；场地和地基的地震效应钻探；活动断裂钻探。

3. 特殊性岩土钻探

特殊性岩土钻探包括：湿陷性土钻探；红黏土钻探；软土钻探；混合土钻探；填土钻探；冻土钻探；膨胀岩土钻探；盐岩土钻探；风化岩和残积土钻探；污染土钻探。

4. 地下水钻探

为了获取地下水文地质资料和开发利用水资源而进行的钻探称为地下水钻探。地下水钻探分为两种，一种是水文地质钻探，另一种是水井钻探。其中水文地质钻探按照水文地质勘察的阶段又可分为水文普查钻探、水文地质勘察钻探和探采结合钻探。

**(四) 按钻探所处位置的不同划分**

按钻探所处位置的不同，可分为陆地钻探和水上钻探，其中水上钻探又包括漂浮钻探、钢索桥钻探、冰上钻探和近海钻探。

**(五) 按钻孔口径的不同划分**

按钻孔口径不同，可分为小口径钻探和大口径钻探。

## 四、钻探方法的选择原则及适用范围

选择钻探方法应考虑的原则是：地层特点及钻探方法的有效性；能保证以一定的精度鉴别地层，了解地下水的情况；尽量避免或减轻对取样段的扰动影响。钻探方法可按《岩土工程勘察规范》(GB 50021—2001) 的规定，根据岩土类别和勘察要求选用。

## 五、工程勘察钻探的特点

工程勘察钻探不同于工程孔施工钻进，其主要特点如下。

(1) 在覆盖层中，因钻孔较浅，一般都在 50m 以内，孔径依照工程勘察的目的而定，其变化范围一般不大。

(2) 在钻进过程中，不仅仅要查明岩土的种类和性质、岩土的层位和厚度等一般地质及岩土方面的特征，而且还要查明岩土的原状特征，例如岩土的裂隙程度、密实程度、含水情况及风化特点等，因此在钻进过程中要连续或间隔地用取土器采取原状样品。

(3) 孔内要进行各种试验工作，试验所占用的时间也较多，往往比钻进的时间还要长。

(4) 钻探时地层条件变化大，勘察对象分散。

(5) 钻探结束后必须进行封孔，封孔后钻孔部位岩土的各项物理力学指标应高于或相当于钻探前的各项指标。

# 第二节　钻探方法

## 一、回转钻探

### (一) 概述

回转钻探是通过钻杆将旋转扭矩传递至孔底钻头，同时施加一定的轴向压力实现钻进。产生旋转力矩的动力源可以是人力或机械，轴向压力则依靠钻机的加压系统以及钻具自重获得。回转钻探包括硬质合金钻进、金刚石钻进、钢粒钻进、全面钻进等。在岩土工程勘察中，土层以硬质合金钻进为主；岩层以硬质合金、金刚石钻进为主。其钻进规程涉及的钻进参数主要有：钻压 (施加在钻头上的轴向载荷)、钻具转速、冲洗介质 (清水、泥浆、压缩空气) 的品质、冲洗液泵量等。

回转钻探中，钻头的主要类型有螺旋类、环形钻进类和无岩心孔底全面钻进类等。

此外，目前使用较多的是空心管连续螺旋钻，即在空心管外壁加上连续的螺旋翼片，用大功率的钻机驱动旋入土层之中，螺旋翼片将碎屑输送至地面，提供有关地层变化的粗略信息，通过空心管则可进行取样及标准贯入试验等工作，用这种钻头可钻出直径约 150 ~ 250mm 的钻孔，深度可达 30 ~ 50m，长而连续的钻头旋入土中后实际上也起到了护壁套管的作用。

### (二) 简易人力钻探

简易人力钻是带有三脚架或人力绞车以及通过人力直接钻进的器具，包括带有三脚架的人力钻，用手提的小口径螺旋钻、勺形钻、提土钻等；简易人力钻探，主要适用于浅部土层和基岩强风化层钻进，因此钻进效率较低，劳动强度大，仅在地形复杂、机动钻机难以达到的场地或有特殊要求 (如基坑检验等) 时使用。

### (三) 硬质合金钻探

1. 概述

硬质合金钻探是利用镶焊在钻头体上的硬质合金切削具,作为破碎岩石的工具,以切入切削和回转切削作用或以两种作用同时破碎岩(土)而进行钻进、采取岩心和采集样品的过程,是工程勘察回转钻探最为常用的方法之一。

硬质合金钻探的基本原理是用机械方法破碎岩石,即对岩石施加集中压缩载荷,岩石在外加集中压缩载荷作用下,引起内部应力状态的变化,在外加载荷处产生应力带,由于应力带应力之间的差别,在岩石表面引起了力的作用,使其自然联系受到破坏,当外加载荷增加至相当大时,岩石沿着一定的方向和表面全部或部分地分裂成小块进而对岩石实现了破碎过程。

硬质合金破碎岩石的过程分为弹性变形阶段、挤压变形阶段和压碎变形阶段。

硬质合金钻探有诸多优点,包括:可以钻进任意倾角和孔径的钻孔,孔深可满足不同勘察目的和要求;钻头质量容易保证,钻孔孔壁和岩心表面比较光滑,岩心采取率较高,孔斜较小;钻头结构可根据不同地层自行设计和选择,以保证满足岩心和样品的采集要求;钻进过程中操作简单,钻进规程参数容易保证。其缺点是只能在松软、中等硬度及低研磨性地层中钻进,对于坚硬而致密、强研磨性地层钻进时钻头硬度不足,磨损较快,钻速迅速下降。

2. 取心式硬质合金钻头的类别

决定硬质合金钻头形式的因素称为结构要素。取心式硬质合金钻头的结构要素有:钻头体(空白钻头)本身;切削具出刃;切削具镶焊角度;切削具在钻头上的排列和布置;切削具数目;水口、水槽的形式与数目等。

工程勘察钻探工作中最常见、使用最多的是取心钻头,硬质合金取心钻头可分为磨锐式硬合金钻头和自磨式硬合金钻头两类。

3. 硬质合金钻进规程参数

钻进规程是研究如何合理、有效地运用钻具进行钻进的问题的规程,钻进规程一般指钻压、转速及冲洗液量这三个钻进过程中可以控制的工艺参数。

（1）钻压的确定。钻压也称轴向压力，表示钻压的方法有单位钻压，即表示每颗（或每组）切削具上的钻压；总钻压或钻压，即表示整个钻头上的钻压。在实际生产中，钻压的确定一般根据实际情况首先确定每颗硬质合金切削具上应有的钻压，然后再根据一个钻头上镶焊切削具数目来计算总钻压。

钻压除了受切削具本身和钻头本身的限制外，还应考虑到岩层的状态、钻头的类型、钻孔的深度、钻杆的强度和机械设备能力等影响因素。

（2）转速的确定。钻头的转速即钻头每分钟的转数（r/min）。在钻进过程中用来衡量回转速度的指标除转数外还有周速，即钻头切削具的圆周速度（m/min）。在软而塑性大、研磨性小的岩层，如黏土类岩层中钻进时，使用一定的钻头以一定的钻压钻进时，可以认为钻速与转速成正比。

在中硬及硬岩层钻进时，切削具的碎岩深度随着转速的提高（即切削具作用于岩石的时间减少）明显地下降。研究结果表明，钻速与转速成抛物线变化关系，对应于曲线的顶点是最优转速或极限转速，此时转速最合理。

在实际生产中，在硬岩中钻进时，增大钻头的转速，会使岩石破碎过程发育不完全，切削具还没来得及破碎岩石就离开该处，这样会引起碎岩深度减少。因此使用磨锐式硬质合金钻头钻进较硬岩石是有限度的，即受到切削具较快地磨钝和碎岩时间因素的限制，不允许过分地增大转速。

（3）冲洗液量的确定。硬质合金钻进中，泵量的大小是由单位时间内产生的岩粉量来决定的。众所周知，随着泵量的增加，对孔底冷却钻头和清除岩粉的能力也增强，为连续破碎岩石创造了有利条件，避免了重复破碎岩石，减少了钻具的磨损。在松软岩石中，在一定的泵量下使液流冲速达到相当的高度，可以起到很大的冲射碎岩的作用。

确定泵量的一般原则为：岩石可钻性级别越低，转速越大，钻速越高，井径越大，所选的泵量也应越大。由于泵量的增大直接增加泵的负担，甚至会冲毁岩心造成岩心劈裂和岩心堵塞而影响钻进工作和岩心采取率，因此，泵量也存在着择优问题。在钻进过程中，轴向压力、钻具转速和冲洗液量是紧密配合的，在确定钻进技术参数时必须将轴向压力、转速和冲洗液量三者联系起来，根据岩石性质、钻头的类型、钻孔技术条件和设备能力等全面考虑，以确定能达到最好技术经济指标的钻进参数值。

**（四）金刚石钻探**

1. 概述

金刚石钻探技术在我国发展速度非常快，随着金刚石产量和质量的提高，新型钻探设备、钻探机具和仪表的出现，优质泥浆和各种人造超硬材料的成功应用，金刚石钻探技术目前已经是一项应用广泛、成熟的技术。可以说，金刚石钻探和其他钻探方法相比具有无可比拟的优点，具体表现在钻进效率高、钻孔质量好、劳动强度低、设备轻、孔内事故少、钻探成本低等。

关于金刚石钻头破碎岩石的机理，近年来最新研究结果表明：对于表镶钻头的碎岩机理，颗粒较大的单颗金刚石破碎坚硬的脆性岩石，主要破碎方式是以体积破碎加上大体积剪崩，切削破碎岩石是次要的；对于塑性大的硬及中硬岩石，主要碎岩方式是以体积破碎为主，压裂压碎作用为辅。对于孕镶钻头的碎岩机理：一种观点是将孕镶钻头上每颗金刚石看作一个磨粒，当磨粒压在岩石表面摩擦时，使岩石表面挤压发生变形，即"磨削"作用，此时磨削深度较小，属于表面破碎；另一种观点是孕镶钻头破碎岩石与表镶钻头相似，差别在于金刚石粒度的大小，其碎岩过程可看作微切削和微压裂压碎作用的综合，破碎岩石属于体积破碎，对于脆性岩石，以微压裂压碎为主，对于塑性岩石，以微切削为主。

2. 金刚石钻头和扩孔器

（1）金刚石钻头的分类：按金刚石的包镶形式分为表镶钻头和孕镶钻头；按所配岩心管不同分为单管钻头和双管钻头；按钻头胎体厚度不同分为标准钻头、厚壁钻头和薄壁钻头；按金刚石成因不同分为天然金刚石钻头和人造金刚石钻头；按制造方法的不同分为冷压钻头、热压钻头、电镀钻头和金刚石复合片钻头以及仿生金刚石钻头等。

（2）金刚石钻头的组成：金刚石钻头由金刚石、胎体和钻头体三部分组成。

（3）金刚石钻头的结构要素：金刚石钻头的结构要素包括金刚石的质量（品级）、金刚石的含量、金刚石的粒度与出刃、金刚石的分布与排列、胎体的性能和成分、水道数目和形状以及底唇形式等。

（4）扩孔器：扩孔器由金刚石、胎体和扩孔器刚体三部分组成，其作用是修整孔径，防止钻头因磨损减径而导致钻孔直径逐渐缩小，保证新钻头下至孔底。按所采用的金刚石不同分为天然扩孔器和人造扩孔器；按金刚石的包镶形式不同分为表镶扩孔器和孕镶扩孔器；按所采用的岩心管不同分为单管扩孔器和双管扩孔器；按使用胎体形状的不同分为环状、条带状和螺旋状扩孔器。

3. 金刚石钻进规程

（1）钻压。对于表镶和孕镶钻头，经理论计算得到不同直径钻头所需要的钻压、冲洗液量。影响钻压的因素很多，理论计算公式比较理想化，所以具体确定钻压时还应针对岩石的性质、钻头的类型及金刚石的质量、数量和粒度等区别对待。

（2）转速。确定转速的原则是：表镶钻头的转速低于孕镶钻头；小直径钻头要采取较高的转速，大直径钻头可采取较低的转速；中硬完整岩层采用高转速，岩石破碎、裂隙发育、软硬不均应当降低转速；细粒钻头的转速高于粗粒钻头；深孔时应降低转速，浅孔段采用较高转速；钻孔结构简单，钻杆与孔壁间隙小采用高转速。金刚石钻进转速划分范围是：低转速为 $150 \sim 300$ r/min；中转速为 $300 \sim 600$ r/min；高转速一般为 $600 \sim 800$ r/min 乃至大于 $1\,000$ r/min。

（3）冲洗液量。冲洗液量的大小由岩石性质、环状间隙、钻头类型、金刚石粒度、胎体性能等因素决定。

4. 金刚石钻进工艺

金刚石钻进技术比硬质合金钻进技术要求高，除了钻进规程参数的影响外，还涉及其他很多影响钻进效率的问题，例如钻具的组配、钻头的选择和使用以及操作技术等。

## 二、冲击钻探

利用钻具自重冲击破碎孔底实现钻进。破碎后的岩粉、岩屑由循环液冲出地面，也可以用带活门的抽砂筒提出地面。冲击钻进可应用于多种土类以至岩层的钻进，对卵石、碎石、漂石、块石尤为适宜。冲击钻探按冲击动力的来源不同可以分为人力冲击钻探和机械冲击钻探。

**（一）人力冲击钻探**

人力冲击钻探是用砸石器、抽砂筒或称掏砂筒及洛阳铲等冲击钻头通过人力实现冲击功能。下面仅对洛阳铲进行详细介绍。

1. 洛阳铲的由来

洛阳铲又名探铲，为半圆柱形的铁铲，曾由盗墓人发明，后来成为文物工作者考古和建设勘探的必备工具。关于洛阳铲的"身世"，民间有各种说法，最流行的一种说法是洛阳铲为洛阳市马坡村一个李姓村民所发明。早在70多年前，李某偶然发现一个搭棚子的人挖坑插棚杆时，用的是一把筒瓦状短柄铁铲，铲往地下一戳，提起时就带上不少土，李某灵机一动，这样的铲子探墓肯定比钢锹容易多，于是他用纸贴着铲子撕了一张图样，回家后找铁匠按照图样仔细琢磨打造了一把，果然好用，于是洛阳铲就在盗墓者手中传开了。

2. 洛阳铲的结构类型

洛阳铲由半圆形的铁铲（铲头）、铲柄、组合杆（原位胶木棒）、专用内镶式连接头组成，常见的铲头一般长30cm，带铲柄时其长度可达90cm；组合杆每节长50cm，直径2cm。洛阳铲加工过程一般要经过制坯、煅烧、热处理、成型、磨刃等20余道工序，好的洛阳铲一般铲身韧、铲口硬。在外形上，洛阳铲看似半圆筒，其实它不圆也不扁，只能手工打制，最关键的是成型时铲头弧度的打造，需要细心敲打，稍有不慎，打出的铲子就带不上土来。洛阳铲的类型有：桩铲、炮眼铲及组合式考古探针等。

3. 洛阳铲的性能及适用条件

好的洛阳铲探测时进土锐利，退土快捷，能够打穿、提取断砖碎瓦，遇到卵石、岩块等坚硬物体，铲头不会卷刃缺口，钻探深度一般从十几米到几十米，有资料记载，洛阳铲钻探最深可达近百米。洛阳铲几乎成为中国考古钻探工具的象征，20世纪70年代初，中国考古代表团访问阿尔巴尼亚时，赠送的礼物就是一把打造精致的洛阳铲。在考古工作中，洛阳铲具有不可替代的作用，因为它反映的地下情况最直接，除用于考古外，洛阳铲还可用于野外勘察钻探和工程探矿等领域。

4.洛阳铲的使用方法

（1）洛阳铲钻探属于人力钻探方法之一，使用洛阳铲时，身体站直，两腿叉开，双手握杆，置于胸前，铲头着地，位于二足尖间，用力向下垂直打探。

（2）开口到底，不断将铲头旋转，四面交替下打，保持孔的圆柱形，否则探不下去，拔不上来，将铲卡在孔中。

（3）钻探时一面下铲，孔半圆；两面下铲，孔椭圆；只有四面下铲，探孔才是圆的。打的孔要正要直，正是不弯，直是不歪；打垂直孔也并不十分容易，对工具而言，铲头要正，杆子要直。

### （二）机械冲击钻探

机械冲击钻探包括钢丝绳冲击和钻杆冲击。冲击钻头有一字形、十字形等多种。钻头可通过钻杆或钢丝绳操纵，其中，钢丝绳冲击钻进使用较为广泛，钢丝绳冲击钻进的规程如下。

（1）钻具重量。钻具重量等于钻头、钻杆与绳卡的重量之和。不同性质的岩土体应选取合适的钻具重量。

（2）冲击高度（冲程）。指钻头在进行冲击运动时提离孔底的高度。一般取 0.6~1.1 m。

（3）冲击次数（频率）。冲击次数和冲击高度是相互联系的。

（4）岩粉密度。岩粉密度直接影响钻进效率，岩粉密度大，影响钻具下降加速度，对破岩不利，若过低，则岩屑留在孔底形成岩粉垫，使钻头不易接触孔底，钻进效率低。通常通过控制掏砂间隔和数量来调整岩粉密度，试验证明，当岩粉相对密度为 1.7~2.3 时，钻进效率较高。

### 三、振动钻探

### （一）振动钻探的工作原理

振动钻探是由偏心振动装置产生的振动力，使整个振动器发生振动并通过钻杆将振动器激发的振动力迅速传递至孔底管状钻头周围的土中，由于振动器的振动频率较高，使土的抗剪阻力急剧降低，在振动器的自重和振动力的作用下使钻头贯入土层中，从而实现钻进。

## （二）振动器的组成

振动钻探采用机械式振动器或液压式振动器两种，而机械式振动器是目前使用最多的一种振动器。机械式振动器利用偏心重轮在旋转时产生的离心力而发生振动作用实现钻进。振动器可分为无弹簧式和弹簧式两种，振动器由电动机、偏心机构、弹簧、冲头、砧子和接头组成。

## （三）振动钻探适用地层

振动钻探常用于黏性土层、砂层以及粒径较小的卵石、碎石层，其优点是不但能取得有代表性的鉴别土样，而且是钻进效率最高的一种钻进方法；其缺点是这种钻进方式对孔底扰动较大，往往影响高质量土样的采取。

## （四）振动钻探钻头

振动钻头分为常规振动钻头和带纵向切口的振动钻头。振动钻头上端有异径接头与钻杆相连，下端接有带刃角的管靴。

振动钻头管体切口所对的圆心角的大小决定于岩层的性质，切口的作用一方面是为了减少钻头和孔壁间的摩擦阻力，另一方面可以从外部观察所取的岩心，取心时应先将钻头旋转一定的角度，切断岩心与岩土层的联系，然后再将钻头和岩心一起提离孔底，如果钻进时使用不带有纵向切口的钻头，钻速则会急剧下降，同时岩心上部松软，下部非常密实。

带有切口的振动钻头的主要缺点是强度和刚度小，钻进时容易被扭曲或被劈开，因此振动钻头不宜太长，切口的宽度一般为钻头直径的 0.4 ~ 0.6 倍；为了保证振动钻头的强度和刚度，在切口上可以交错留有若干横梁。

## （五）振动钻进的工艺参数

振动钻进的工艺参数主要有：振动频率、振幅、偏心力矩和回次长度。

1. 振动频率

振动器必须有一定的振动频率才能实现钻进，振动频率越高，钻具的振幅越大，钻进的深度也就越深，但振动频率不能过高，振动频率越高，要求动力机的功率也越大。功率的增加同振动频率的三次方成正比，动力机的功率一定时，增加振动频率，势必降低偏心力矩，而偏心力矩的减小则使振幅随之减小；钻进速度又与振幅成正比，振幅减小后，会使钻进速度降低。因此，为了不降低钻进速度，当动力机功率一定时，偏心力矩又要保持足够大时，振动频率不能选择过高。

2. 振幅

振幅是影响钻具的重要因素，只有当振幅超过起始振幅时，钻头才能切入岩土层。起始振幅随振动频率、钻具断面尺寸和地层条件的变化而变化。

3. 偏心力矩

偏心力矩与振动器偏心轮的质量有关。随着偏心轮质量和振幅的提高和增大，偏心力矩也相应增大。增大偏心力矩，能在密实坚硬的土层中钻进，但偏心力矩不能过大，否则会引起上部钻杆变形。

4. 回次长度

回次长度是一个人为控制的参数。

## 四、冲洗钻探

冲洗钻探是通过高压射水破坏孔底土层实现钻进，土层破碎后随水流冲出地面。这是一种简单、快速、成本低廉的钻进方法，适用于砂层、粉土层和不太坚硬的黏性土层，但冲出地面的粉屑往往是各土层物质的混合物，代表性很差，给地层的判断和划分带来困难，故该方法主要用来查明基岩起伏面的埋藏深度。

## 五、常用的钻探方法

### （一）无泵钻进

在钻进过程中不使用水泵，而是利用孔内水反循环作用，不使钻头与孔壁或岩心黏结，同时将岩粉收集在取粉管内。这种钻进技术较简便，但它可以防止由于水泵送水而冲刷岩层及孔壁，从而较顺利地穿透软弱破碎岩层，并提高岩心采取率和基本保持岩层的原状结构。无泵钻进与干钻不同，需要定时窜动钻具利用孔内水的反循环作用，将岩粉沉淀于取粉管内，孔底保持干净顺畅地钻进。这种钻进技术的钻具有敞口式和封闭式两种，钻进时孔内一定要有水。而且，其水位应经常保持在出水孔上部，以使冲洗液在钻具窜动时产生循环作用。孔内水是天然地下水或是由地面灌入的。窜动钻具的时间间隔、次数和高度，需根据岩层软硬和钻进深度等确定。孔内洁净是提高钻进效率及岩心采取率的关键，所以必须恰当地窜动钻具。因无泵钻进劳动强度大，钻进效率比冲洗液钻进低，所以在钻穿软弱、破碎岩层并做完水文地质试验后，应立即下入套管，改用冲洗液钻进。

### (二) 双层岩心管钻进

双层岩心管钻进是复杂地层中最普遍采用的一种钻进技术。一般岩心钻采用的是单层岩心管，其主要缺点是钻进时冲洗液直接冲刷岩心，致使软弱、破碎岩层岩心被破坏。而双层岩心管钻进时岩心进入内管，冲洗液自钻杆流下后，在内外管壁间隙循环，并不进入内管冲刷岩心，所以能有效地提高岩心钻采效率。双层岩心管有双层单动和双层双动两类结构，以前者为优。金刚石钻头钻进一般都采用双层单动岩心管。这种钻进技术是在钻头内部使用岩心卡簧采取岩心的，在外管上还设置有扩孔器，不易扰动，所以钻进效率高，而且当岩心进入单动岩心管后，也不易扰动，岩心采取率及岩心质量也较高。

### (三) 绳索取心钻进的应用

绳索取心钻进技术是小口径金刚石钻进技术发展到高级阶段的标志。此项钻进技术的主要优点是：有利于穿透破碎易坍塌地层；提高岩心采取率及取心的质量；节省辅助工作时间，提高钻进效率；延长钻头使用寿命，降低成本。

绳索取心钻进可以直接从专用钻杆内用绳索将装有岩心的内管提到地面上取出岩心，简化了钻进工序。我国东北水电勘测设计院与美国某公司，共同研制成功了与此项钻进技术相配套的 SGS-1 型不提钻气压栓塞，可以同时提高钻孔压水试验的效率和质量，已在国内水利水电工程地质勘测中推广使用。

### （四）厚砂卵石层钻进新工艺

深厚砂卵石层的钻进和取样，一直是岩土工程钻探的难题。成都水电勘测设计院采用金刚石钻进与 SM 和 MY-1 型植物胶体作为冲洗液的钻进工艺，在深厚砂卵石层中裸孔钻进，深度已超过 400m，不仅孔身结构简化，而且钻进效率和岩心采取率也大大提高。砂卵石岩心表面被特殊的冲洗液包裹着，从而可获取近似原位的柱状岩心以及夹砂层、夹泥层的岩心。

### （五）套钻和岩心定向钻进

此项钻进工艺是黄河水利委员会勘测设计院于 20 世纪 80 年代中期研制成功的，已有效地保证了软弱夹层和破碎地层获取高质量的岩心。钻进的工艺过程如下：采用金刚石钻具以 91mm 孔径钻进至预定的复杂地层深度后，先用直径 46mm 的导向钻具在钻孔中心钻出一个约 1m 深的小孔，然后插筋并灌注化学黏结剂，待凝固后再以 91mm 孔径用随钻定向钻具钻进并取出岩心。岩心采取率几乎可以达到 100%，而且能准确地测得孔内岩层的产状，但是所采取的岩心不能作为力学试验的样品。

# 第三节　原状样采取

## 一、概述

工程勘察钻探的目的是获取准确的工程地质、水文地质资料，因此在钻探过程中必须采取原状岩土试样，通过对试样的分析化验获得岩土试样的物理力学指标，例如密实度、湿度、抗剪强度、容重、压缩系数等。根据在采集过程中受扰动的程度，试样可以分为原状样品和扰动样品。原状土样是指天然成分和结构未被破坏的土样，用原状土样可以获取土层在自然状态下的各种物理力学性质指标，为各类工程建筑提供可靠的设计依据；用一般钻进工具如勺钻、麻花钻、管钻所取出的土样，其天然成分和结构已被破坏，称为扰动土样，扰动土样获得的试验分析资料是不准确的，不能全面满足工程勘察的要求。事实上要取得完全不受扰动的原状土样是不可能的，如果将土从土体中取出，由于消除了土样周围的压力，应力条件发生了变化，会引起土样质点间的相对位置和组织结构的变化，出现质点间凝聚力的破坏，这种现象称为土样天然结构的"自然破坏"，因此，所谓原状土样实际上都遭受到不同程度的"自然破坏"；另外，不论采用何种取土器，都有一定的厚度和体积，当切入土层时土样都会产生一定的压缩变形，从一定意义上说，原状土样是相对的，是变形相对较小的土样。采取原状土样的工具称为原状土取土器，简称取土器，在砂卵砾石中的取样工具称为取砂器。

**（一）取土器的种类**

取土器的种类很多，根据取土器下端是否封闭可以分为敞口式、封闭式；根据取土器上部封闭形式可分为球阀封闭式、活阀封闭式和活塞封闭式；根据取土器的壁厚可分为薄壁取土器和厚壁取土器；按进入土层的方式可分为贯入(静压或锤击)及回转两类。

**（二）取土器的设计要求**

取土器的结构是影响取土质量的主要因素之一，另外影响取土质量的因素尚有很多，如钻进方法、取土方法、土试样的保管和运输等，工程勘察钻探中为了采取保持原状结构的岩土试样，设计取土器时应考虑下列因素：

（1）取土器进入土层要顺利，尽量减小摩擦阻力；

（2）取土器要有可靠的密封性能，使取土时不至于掉土；

（3）结构简单，便于加工和操作；

（4）土样顶端所受的压力，包括钻孔中心的水柱压力、大气压力及土样与取土筒内壁摩擦时的阻力；

（5）土样下端所受的吸力，包括真空吸力、土样本身的黏聚力和土样自重；

（6）取土器进入土层的方法和进入土层的深度。

**（三）取土器的基本技术参数**

1. 面积比

取土器最大断面积和原状土样断面积之差与原状土断面积之比为面积比。

被排挤的土愈多，挤进土样中的多余土也可能愈多，扰动的可能性愈大，因此，面积比宜尽量减小，最好能减小到取土器结构强度所能允许的程度。一般薄壁取土器的面积比值应≤10%，采取低级别土样的厚壁取土器面积比值可达到30%，面积比值过大的缺陷可采用提高贯入速度、设置固定活塞，特别是减小刃口角度的办法来弥补。

2. 内间隙比

取土器内径和管靴刃口内径之差与管靴刃口内径之比为内间隙比。适当的内间隙比值可使内壁摩擦力减小，使扰动程度降低，但当内间隙比值过大，会使土样进入后过分膨胀，增加扰动。因此对于短的取土器，内间隙比可取 0 ~ 1.0%；对于中等长度的取土器，内间隙比取 0.5% ~ 3.0%。内间隙比的最佳值随土样直径的增大而减小。内壁光洁、刃口角度很小的取土管，内间隙比可降低至零。

3. 外间隙比

取土器管靴外径和取土管的外径之差与取土管的外径之比为外间隙比。外间隙比增大可减小外壁摩擦力，使面积比增大。所以，对于无黏性土，外间隙比可取零值；对黏性土，外间隙比值不大于 2% ~ 3%。薄壁取土器的外间隙比为零。

4. 取土器直径

考虑取土方法、土层性质、环刀直径等因素后，取土器的内径应稍大于室内试验试样的直径。目前试样直径多采用 φ50mm 或 φ80mm，相应的取土器直径宜采用 φ75mm 或 φ110mm。在湿陷性黄土地区，取土器直径不应小于 120mm，砂土可采用直径较小的取土器，以免提取时脱落土样。

5. 取土器长度

取土器长度取决于所谓的"安全贯入深度"。安全贯入深度是指贯入深度与进入管内的土样长度保持正常比值（等于或略低于 0.1），安全贯入深度应略小于极限贯入深度。

6. 刃口角度

刃口角度是影响土样质量的重要因素，小的刃口角度值可在很大程度上弥补面积比过大的缺陷，但刃口角度过小，要求使用良好的材质及加工处理技术，否则刃口易受损，寿命降低，成本提高。

### （四）取土器的结构

贯入式取土器可分为敞口取土器和活塞取土器两大类型，敞口取土器按管壁厚度分为厚壁和薄壁两种，下面以复壁敞口取土器和敞口薄壁取土器为例说明取土器的结构特点。

（1）复壁敞口取土器。国外称谢尔贝管，是最简单的取土器，在取样管内加装内衬管的取土器称为复壁敞口取土器，其外管多采用半合管，易于卸出衬管和土样；其下接厚壁管靴，能应用于软硬变化范围很大的多种土类。其主要优点是结构简单、取样操作简便，缺点是土样质量不易控制，由于壁厚，面积比可达30%~40%，对土样扰动大，只能取得Ⅱ级以下的土样。

（2）敞口薄壁取土器。是用一薄壁无缝管作取样管，面积比可降低至Ⅱ级以下，可作为采取Ⅰ级土样的取土器。薄壁取土器内不设衬管，一般是将取样管与土样一同封装运送到实验室。薄壁取土器只能用于软土或较疏松的土层取样，若土质过硬，取土器易于受损。

## 二、原状（不扰动）土样的采取

### （一）探井、探槽中采取原状土试样的方法

探井、探槽中采取原状土试样可采用两种方式，一种是锤击敞口取土器取样，另一种是人工刻切块状土样，由于块状土试样的质量高，因此该方法使用较多。

人工采取块状土试样一般应注意以下几点：

（1）避免对取样土层的人为扰动破坏，开挖至接近预计取样深度时，应留下20~30mm厚的保护层，待取样时再细心铲除；

（2）防止地面水渗入，井底水应及时抽走，以免浸泡；

（3）防止暴晒导致水分蒸发，坑底暴露时间不能太长，否则会风干；

（4）尽量缩短切削土样的时间，及早封装。

块状土试样可以切成圆柱状和方块状，也可以在探井、探槽中采取"盒状土样"，这种方法是将装配式的方形土样容器放在预计取样位置，边修切、边压入，从而取得高质量的土试样。

### (二)钻孔中采取原状土试样的方法

1. 击入法

击入法是用人力或机械力操纵落锤，将取土器击入土中的取土方法。按锤击次数分为轻锤多击法和重锤少击法；按锤击位置又分为上击法和下击法。经过取样试验比较认为：就取样质量而言，重锤少击法优于轻锤多击法，下击法优于上击法。

2. 压入法

压入法可分为慢速压入和快速压入两种。

慢速（静力）压入法是用杠杆、千斤顶、钻机手把等加压将取土器压入土层，取土器进入土层的过程是不连续的，在取样过程中对土试样有一定程度的扰动。快速压入法是将取土器快速、均匀地压入土中，采用这种方法对土试样的扰动程度最小，目前普遍使用以下两种方法：活塞油压法，采用比取土器稍长的活塞压筒通以高压，强迫取土器以等速压入土中；钢绳、滑车组法，借机械力量通过钢绳、滑车装置将取土器压入土中。

3. 回转压入法

回转压入法是使用回转式取土器取样，取样时内管压入取样，外管回转削切，这种方法可减少取样时对土试样的扰动，从而提高取样质量。

4. 振动法

振动法是在高速的振动作用下将取土器压入土层中，振动法对土样有一定的扰动，振动带宽度较大，为了保证土样的质量，一般采用大直径取土器取土，对于振动后易产生液化的土，不宜采用振动法取土。

## 三、特殊岩土层取样方法

### (一)饱和软黏性土取样

饱和软黏性土强度低，灵敏度高，极易受扰动，并且当受扰动后，强度会显著降低。在严重扰动的情况下，饱和软土强度可能降低90%。

在饱和软黏性土中采取高质量等级试样必须选用薄壁取土器。土质过软时，不宜使用自由活塞取土器，取样之前应仔细检查取土器，刃口卷折、残缺的取土器必须更换。取样管应形状圆整，取样管上、中、下部直径的最大、最小值相差不能超过 1.5mm。

饱和软黏性土取样时应注意以下方面。

（1）应优先采用泥浆护壁回转钻进。这种钻进方式对地层的扰动破坏最小。泥浆柱的压力可以阻止塌孔、缩孔以及孔底的隆起变形。泥浆的另一作用是提升时对土样底部能产生一定的浮托力，因而掉样的可能性减小。

（2）清水冲洗钻探也是可以使用的钻探方法，因为在孔内始终保持高水头也是有利的，但应注意采用侧喷式冲洗钻头，不能采用底喷式钻头，否则对孔底冲蚀剧烈，对取样不利。

（3）螺旋钻头干钻虽是常用的方法，但螺旋钻头提升时难免引起孔底缩孔、隆起或管涌。因此采用螺旋钻头钻进时，钻头中间应设有水、气通道以使水、气能及时通达钻头底部，消除真空负压。

（4）强制挤入的大尺寸钻具，如厚壁套管、大直径空心机械螺旋钻、冲击、振动均不利于取样。如果采用这类方法钻进，必须在预计取样位置以上一定距离停止钻进，改用对土层扰动小的钻进方法，以利于取样。在饱和软黏性土中取样应采用快速、连续的静压方法贯入取土器。

### （二）砂层及淤泥取样

砂土在钻进和取样过程中，更容易受到结构的扰动。砂土没有黏聚力，当提升取土器时，砂样极易掉落。在探井、探槽中直接采取砂样是可以获得高质量试样的，但开挖成本高，不现实。在钻探过程中为了采取砂样，可采用泥浆循环回转钻进。用泥浆护壁既可防止塌孔、管涌，又可浮托土样，在土样底端形成一层泥皮，从而减少掉样的危险。

此外，也可用固定活塞薄壁取土器和双层单动回转取土器采取砂样。前者只能用于较疏松细砂层，对密实的粗砂层宜采用后者。

日本的 Twist 取土器，是在活塞取土器外加一套管，两管之间安放有橡皮套，橡皮套与取样管靴相连。贯入时两管同时压下，提升时，内部取样管先提起一段距离，超过橡皮套后停止上提，改为旋扭，使橡皮套伸长并扭紧，形成底端的封闭，然后内外管一并提起。这种取土器取砂成功率较高。日本的另一种大直径（φ200mm）取砂器，其底部的拦挡装置是通过缆绳操纵的。当贯入结束后，提拉缆绳，即可收紧挡，形成底端封闭，亦可采取较高质量的砂样。采取高质量砂样的另一类方法是事先设法将无黏性的散粒砂土固化（胶凝或冷冻），然后用岩心钻头刻切取样。

### （三）砂砾石层取样

卵石、砾石土粒径悬殊，最大粒径可达数十厘米以上，采样很困难。在通常口径的钻孔中不可能采取Ⅰ～Ⅲ级卵石试样。在必须要采取砂砾石土试样时可考虑用以下方法。

（1）冻结法。将取样地层在一定范围内冻结，然后用岩心钻探取心。

（2）开挖探坑。人工采取大体积块状试样，在卵石土粒径不大，且含较多黏性土时，采用厚壁敞口取土器或三重管双动取土器能取到质量级别为Ⅲ或Ⅳ级的试样；砾石层在合适的情况下，用三重管双动取土器有可能取得Ⅰ～Ⅱ级试样。

### （四）残积土取样

残积土层取样的困难在于土质复杂多变，软硬变化悬殊，一般的取土器很难完成取样。如非饱和的残积土遇水极易软化、崩解，应采用黏度大的泥浆作循环液，用三重管取土器采取土试样。在强风化层中可采用敞口取土器取样，取土器贯入时往往需要大能量多次锤击，在管靴需要加厚的同时，土层也受到较大扰动。因此，在残积土层中钻孔取样较好的方法是采用回转取土器，并以能自动调节内管超前值的皮切尔式三重管取土器为最好，为避免冲洗液对土样的渗透软化，泥浆应具有高黏度，并注意控制泵压和流量。

### （五）取样质量要求

1. 土试样质量等级

根据试验目的，《岩土工程勘察规范》（GB 50021-2001）把土试样的质量分为四个等级。

2. 取样技术要求

《岩土工程勘察规范》（GB 50021-2001）规定：在钻孔中采取Ⅰ～Ⅱ级砂样时，可采用原状取砂器，并按相应的现行标准执行。在钻孔中采取Ⅰ～Ⅱ

级以上试样时，应满足下列要求。

（1）在软土、砂土中宜采用泥浆护壁；如使用套管，应保持管内水位等于或稍高于地下水位，取样位置应低于套管底 3 倍孔径的距离。

（2）采用冲洗、冲击、振动等方式钻进时，应在预计取样位置 lm 以上改用回转钻进。

（3）下放取土器之前应仔细清孔，清除扰动土，孔底残留浮土厚度不应大于取土器废土段长度（活塞取土器除外）。

（4）采取土试样宜用快速静力连续压入法。

（5）具体操作方法应按《建筑工程地质勘探与取样技术规程》（JGJ/T 87-2012）执行。

3 土试样封装、贮存和运输

对于 I ~ Ⅲ 级土试样的封装、贮存和运输，应符合下列要求。

（1）取出土试样应及时妥善密封，以防止湿度变化，并避免暴晒或冰冻。

（2）土试样运输前妥善装箱、填塞缓冲材料，运输过程中避免颠簸、振动。对于易振动液化和水分离析的土试样宜就近进行试验。

（3）土试样采取后至试验前的保存时间一般不应超过三个星期。

# 第四节　原位测试

原位测试包括岩体原位测试和土体原位测试。岩体原位测试是在现场制备试件模拟工程作用对岩体施加外荷载，进而求取岩体力学参数的试验方法，土体原位测试一般是指在岩土工程勘察现场，在不扰动或基本不扰动土层的情况下对土层进行测试，以获得所测土层的物理力学性质指标，是一项自成体系的试验科学，也是一种不可缺少的勘察手段，在岩土工程勘察中占有重要位置。可以说，在当今的岩土工程勘察中，不进行原位测试的勘察设计成果是没有质量保证的，这也是原位测试的目的之所在。

## 一、概述

### (一)原位测试的特点

1. 岩体原位测试的优点

(1)对岩体扰动小,尽可能地保持了岩体的天然结构和环境状态,使测出的岩体力学参数直观、准确;其缺点是试验设备笨重、操作复杂、工期长、费用高。

(2)原位测试的试件与工程岩体相比,其尺寸还是小得多,所测参数也只能代表一定范围内的岩体力学性质,因此,要取得整个工程岩体的力学参数,必须有一定数量试件的试验数据用统计学方法求得。

2. 土体原位测试优点

土体原位测试与钻探、取样、室内试验的传统方法比较起来,具有下列明显优点。

(1)可在拟建工程场地进行测试,无需取样,避免了因钻探取样所带来的一系列困难和问题,如原状样扰动问题等。

(2)原位测试所涉及的土尺寸比室内试验样品要大得多,因而更能反映土的宏观结构(如裂隙等)对土的性质的影响。

以上优点决定了土体原位测试所提供的土的物理力学性质指标更有代表性,更具可靠性;此外,大部分土体原位测试技术具有快速、经济、可连续进行等优点,因而自 20 世纪 70 年代以来,随着测试机理和成果应用的深入研究,原有测试仪器不断更新换代,新仪器又不断研制成功,土体原位测试技术得到了迅猛发展。实践证明,土的原位测试技术的应用效果良好,经济效益明显,勘察周期大为缩短,应用越来越广。

但是,由于土体原位测试技术的发展历史较短,现场土体边界条件不易控制并且复杂,使所测成果和数据与土的工程性质指标等对比时,目前仍以大量的统计经验为基础,因此测试机理及应用都有待于进一步深入研究。

### (二)原位测试技术的种类

岩体原位测试的方法种类繁多,主要有变形试验、强度试验及天然应力量测等。而土体原位测试方法很多，可以归纳为两类。

（1）土层剖面测试法。它主要包括静力触探、动力触探、扁铲松胀仪试验及波速法等。土层剖面测试法具有可连续进行、快速、经济的优点。

（2）专门测试法。它主要包括载荷试验、旁压试验、标准贯入试验、抽水和注水试验、十字板剪切试验等。土的专门测试法可得到土层中关键部位土的各种工程性质指标，精度高，测试成果可直接供设计部门使用，其精度超过室内试验的成果。

## 二、土体原位测试

### （一）静力触探

1.静力触探原理

触探是通过探杆用静力或动力将金属探头贯入土层，以测量表征土对触探头贯入的阻抗能力的指标，从而间接地判断土层及其性质的一类勘探方法和原位测试技术。作为勘探手段，触探可用于划分土层，了解地层的均匀性；作为测试技术，则可估计地基承载力和土的变形指标等。

静力触探试验（CPT）是通过一定的机械装置，将一定规格的金属探头用静力压入土层中，利用电测技术测得贯入阻力来判断土的力学性质，与常规的勘探手段比较，静力触探有其独特的优越性，它能快速、连续、精确地探测土层及其性质的变化，并能实现数据的自动采集和自动绘制静力触探曲线，反映土层剖面的连续变化，操作快捷，常在拟定桩基方案时采用。

2.静力触探设备及分类

静力触探仪主要由三部分组成：贯入装置（包括反力装置），其基本功能是可控制等速贯入；另一部分是传动系统，目前国内外使用的传动系统有液压和机械两种；第三部分是量测系统，这部分包括探头、电缆和电阻应变仪（或电位差计自动记录仪）等。静力触探仪按其传动系统可分为：电动机械式静力触探仪、液压式静力触探仪和手动轻型链式静力触探仪。

常用的静力触探探头分为单桥探头、双桥探头和孔压探头。根据实际工程所需测定的地基土层参数选用单桥探头或双桥探头，探头圆锥截面面积为 $10cm^2$、$15cm^2$ 及 $20cm^2$，单桥探头侧壁高度分别采用 57mm、70mm 或

81mm，双桥探头侧壁面积采用200~300cm$^2$，锥尖锥角为60°。

3. 静力触探试验的目的和适用条件

静力触探试验可以用于下列目的。

(1) 根据贯入阻力曲线的形态特征或数值变化幅度划分土层。

(2) 估计地基土层的物理力学参数。

(3) 评定地基土的承载力。

(4) 选定桩基持力层、估算单桩极限承载力，判定沉桩可能性。

(5) 判定场地地震液化趋势。

静力触探试验适用于软土、一般黏性土、粉土、砂土和含少量碎石的土，设备的贯入能力必须满足测试土性质、深度等需要，反力必须大于贯入总阻力。

## (二) 圆锥动力触探

1. 概述

圆锥动力触探是将一定质量的穿心锤，以一定的高度 (落距) 自由下落，将探头贯入土中，然后记录贯入一定深度所需的锤击次数，并以此判断土的性质。圆锥动力触探试验的类型按《岩土工程勘察规范》(GB 50021—2001) 规定可分为轻型、重型和超重型三种。

根据圆锥动力触探试验指标和地区经验，可进行力学分层，评定土的均匀性和物理性质 (状态、密实度)、土的强度、变形参数、地基承载力、单桩承载力，查明土洞、滑动面、软硬土层界面，检测地基处理效果等。应用试验结果时是否修正或如何修正，应根据建立统计关系时的具体情况确定。

2. 标准贯入试验

(1) 标准贯入试验设备。主要由标准贯入器、触探杆和穿心锤三部分组成。

(2) 试验要点。当钻进至需要进行试验的土层标高以上15cm时，清孔后换用标准贯入器，记录深度；将贯入器打入试验土层中，先打入15cm不计击数，继续贯入土中30cm记录锤击数，若砂层比较密实，贯入击数较大时，也可记录贯入量小于30cm的锤击数，并换算成贯入30cm的锤击数；拔出贯入器，取出土样进行鉴别描述；若需进行下一深度的贯入试验，则继续钻进重复上述操作步骤；当钻孔孔壁不稳定尚需进行试验时，可用泥浆或套管护壁。

（3）标准贯入试验与其他动力触探试验的区别。标准贯入试验简称标贯，是动力触探测试方法最常用的一种，其设备规格和测试程序在世界上已趋于统一。它和圆锥动力触探测试的区别：一是探头不同，标贯探头是空心圆柱形的，常称标准贯入器；其二，在测试方法上也不同，标贯是间断贯入，每次测试只能按要求贯入 0.45m，只计贯入 0.30m 的锤击数，称标贯击数，锤击数没有下标，以与圆锥贯入锤击数相区别；其三，圆锥动力触探是连续贯入、连续分段计锤击数的。标贯的穿心锤质量为 63.5kg，自由落距 76cm。其动力设备要有钻机配合。

（4）标准贯入试验的技术要求。标准贯入试验孔采用回转钻进，并保持孔内水位略高于地下水位。当孔壁不稳定时，可用泥浆护壁，钻至试验标高以上 15cm 处，清除孔底残土后再进行试验。采用自动脱钩的自由落锤法进行锤击，并减小导向杆与锤间的摩阻力，避免锤击时的偏心和侧向晃动，保持贯入器、探杆、导向杆连接后的垂直度，锤击速率应小于 30 击 /min。

### （三）静力载荷试验

#### 1. 概述

平板静力载荷试验，简称载荷试验。它是模拟建筑物基础工作条件的一种测试方法，起源于 20 世纪 30 年代的苏联、美国等国家。其方法是在保持地基土的天然状态下，在一定面积的承压板上向地基土逐级施加荷载，并观测每级荷载下地基土的变形特性。测试所反映的是承压板以下大约 1.5 ~ 2.0 倍承压板宽的深度内土层的应力 - 应变 - 时间关系。

载荷试验的主要优点是对地基土不产生扰动，利用其成果确定的地基承载力最可靠、最有代表性，可直接用于工程设计。因此，在对大型工程、重要建筑物的地基勘测中，载荷试验一般是不可少的，是比较其他土的原位试验成果的基础。

载荷试验按试验深度分为浅层和深层；按承压板形状有平板与螺旋板；按用途可分为一般载荷试验和桩载荷试验；按载荷性质又可分为静力和动力载荷试验。

2.静力载荷试验的仪器设备

载荷试验设备由承压板、加荷装置及沉降观测装置等组合而成。

（1）承压板。有现场砌制和预制两种，一般为预制厚钢板（或硬木板）。对承压板的要求是要有足够的刚度，在加荷过程中承压板本身的变形要小，而且其中心和边缘不能产生弯曲和翘起；其形状宜为圆形（也有方形），对密实黏性土和砂土，承压面积一般为 1 000 ~ 5 000cm$^2$。对一般土多采用 2 500 ~ 5 000cm$^2$。

（2）加荷装置。加荷装置包括压力源、载荷台架或反力构架，加荷方式可分为两种，即重物加荷和油压千斤顶反力加荷。

重物加荷法，即在载荷台上放置重物，如铅块等。由于此法笨重，劳动强度大，加荷不便，目前已很少采用。其优点是荷载稳定，在大型工地常用。

油压千斤顶反力加荷法，即用油压千斤顶加荷，用地锚提供反力。由于此法加荷方便，劳动强度相对较小，因此被广泛采用。采用油压千斤顶加压，必须注意两个问题：油压千斤顶的行程必须满足地基沉降要求；下入土中的地锚反力要大于最大加荷，以避免地锚上拔，试验半途而废。

（3）沉降观测装置。沉降观测仪表有百分表、沉降传感器或水准仪等。只要满足所规定的精度要求及线性特性等条件，可任意选用其中一种来观测承压板的沉降。由于载荷试验所需荷载很大，要求一切装置必须牢固可靠、安全稳定。

3.试验要点

（1）载荷试验一般在方形试坑中进行，试坑底的宽度应不小于承压板宽度（或直径）的3倍，以消除侧向土自重引起的超载影响，使其达到或接近地基的半空间平面问题边界条件的要求，试坑应布置在有代表性的地点，承压板底面应放置在基础底面标高处。

（2）为了保持测试时地基土的天然湿度与原状结构，应做到以下几点：测试之前，应在坑底预留 20 ~ 30cm 厚的原土层，待测试将开始时再挖去，并立即放入载荷板；对软黏土、松散砂，在承压板周围应预留 20 ~ 30cm 厚的原土作为保护层；在试坑底板标高低于地下水位时，应先将水位降至坑底标高以下，并在坑底铺设2cm厚的砂垫层，再放下承压板等，待水位恢复后进行试验。

（3）安装设备。安装承压板前应整平试坑底面，铺设 1~2cm 厚的中砂垫层，并用水平尺找平，以保证承压板与试验面平整均匀接触；安装千斤顶、载荷台架或反力构架，其中心应与承压板中心一致；安装沉降观测装置，其支架固定点应设在不受土体变形影响的位置上，沉降观测点应对称放置。

（4）加荷（压）。安装完毕，即可分级加荷。测试的第一级荷载，应将设备的重量计入，且直接接近所卸除土的自重（相应的沉降量不计）。以后每级荷载增量，一般取预估测试土层极限压力的 1/10~1/8。当不宜预估其极限压力时，对较松软的土，每级荷载增量可采用 10~25kPa；对较坚硬的土，采用 50kPa，对硬土及软质岩石，采用 100kPa。

（5）观测每级荷载下的沉降。加荷开始后，第一个 30min 内，每 10min 观测沉降一次；第二个 30min 内，每 15min 观测一次，以后每 30min 观测一次。沉降相对稳定的标准为，连续四次观测的沉降量，每小时累计不大于 0.1mm 时，方可施加下一级荷载。

（6）尽可能使最终荷载达到地基土的极限承载力，以评价承载力的安全度。当测试出现下列情况之一时，即认为地基土已达极限状态，可终止试验。承压板周围的土体出现裂缝或隆起，在荷载不变的情况下，沉降速率加速发展或接近一常数，压力-沉降量曲线出现明显拐点，总沉降量等于或大于承压板宽度（或直径）的 0.08，在某一荷载下，24 h 内沉降速率不能达到稳定标准。

（7）如达不到极限荷载，则最大压力应达到预期设计压力的两倍或超过第一拐点至少三级荷载。

（8）当需要卸荷观测回弹时，每级卸荷量可为加荷量的 2 倍，历时 1h 每隔 15min 观测一次，荷载完全卸除后，继续观测 3h。

**（四）十字板剪切试验**

1.十字板剪切试验的原理和特点

十字板剪切试验是用插入软黏土中的十字板头，以一定的速率旋转，在土层中形成圆柱形破坏面，测出土的抵抗力矩，然后换算成土的抗剪强度。十字板剪切试验开始于 1928 年，1954 年我国南京水利科学研究所引进了这种测试技术，并在软土地区得到了广泛应用，主要用其测定饱水软黏土的不排水抗剪强度。它具有下列明显优点。

（1）不用取样，特别是对难以取样的灵敏度高的软黏土，可以在现场对基本上处于天然应力状态下的土层进行扭剪，所求软土抗剪强度指标比其他方法都可靠。

（2）野外测试设备轻便，容易操作。

（3）测试速度较快，效率高，成果整理简单。

长期以来，野外十字板剪切试验被认为是一种有效、可靠的土的原位测试方法，国内外应用很广。必须注意的是，此法对较硬的黏性土和含有砾石、杂物的土不宜采用，否则会损伤十字板头。

2. 十字板剪切试验的仪器设备

野外十字板剪切试验的仪器为十字板剪切仪，目前国内有三种（开口钢环式、轻便式和电测式），方法分为钻孔式和压入式两种。开口钢环式是利用蜗轮旋转将十字板头插入土层中，测出抵抗力矩，计算出土的抗剪强度，要配用钻机打孔。轻便式的优点是轻便、易于携带、不需动力，但在测试中难以准确掌握剪切速率和不易准确维持仪器水平，测试精度不高，故使用较少。电测式测力设备是在十字板头上方连接一贴有电阻应变片的受扭力柱的传感器，在地面用电子仪器直接量测十字板头的剪切扭力，不必进行钻杆和轴杆校正。

电测式十字板剪切仪轻便灵活，容易操作，试验成果也较稳定，目前已得到广泛应用，故介绍这种仪器设备。它主要由以下几部分组成。

（1）压入主机。功能是将十字板头垂直压入土中。

（2）十字板头，直径 $D=50mm$，高 $H=100mm$，板厚 2mm，刃口角度为 60°，轴杆直径为 13mm，轴杆长度为 50mm。

（3）扭力传感器。传感器（电阻式）应具有良好的密封和绝缘性能，对地绝缘电阻不应小于 200MΩ，传感器事先率定。

（4）量测扭力仪表。静态电阻应变仪或数字测力仪（精度 1~2N）。

（5）施加扭力装置。由蜗轮、蜗杆、变速齿轮、钻杆夹具和手柄等组成，手摇柄转动一圈正好使钻杆转动一度。

（6）其他。钻杆、水平尺和管钳等。

3. 测试要点

包括十字板头扭力传感器的率定和正式测试两部分。

（1）扭力传感器率定。目的在于确定扭力矩与传感器应变值之间的关系，求出传感器率定系数。一般每隔三个月率定一次。如在使用过程中出现异常，经过检修后应重新率定。试验时使用的传感器、导线和测量仪器均应与率定时相同。

（2）现场测试。① 安装及调平电测式十字板剪切仪机架，用地锚固定，并安装好施加扭力的装置。

② 将十字板头接在传感器上拧紧，然后将其所附电缆及插头与穿入钻杆内的电缆及插座连接，并进行防水处理，接通测量仪器。

③ 将十字板头垂直压入土中至预定深度，并用卡盘卡住钻杆，使十字板头固定在同一深度上进行扭剪，在扭剪前，应读取初始读数或将仪器调零。

④ 测试开始，匀速转动手摇柄，摇柄每转一圈，十字板头旋转一度。每 10s 使摇柄转动一圈，每转动一圈测记应变读数一次。当读数出现峰值或稳定值后，再继续测记 1min。十字板头插入预定深度后需静置 2～3min 后才能开始扭剪。

⑤ 松开钻杆夹具，用手或管钳快速将探杆顺时针方向旋转 6 圈，使十字板头周围的土充分扰动后，立即拧紧钻杆夹具，重复步骤 ④ 记录剪切破坏时的应变仪或测力仪的读数。注意事项为要设法防止电缆与十字板接头处被拧断，故此项宜每层土只做一两次。

⑥ 完成一次试验后，松开钻杆夹具。根据需要，继续将十字板头压至下一个试验深度，重复步骤 ③ 至步骤 ⑤。

**（五）压水试验**

1. 概述

钻孔压水试验是用专门的止水装置把一定长度的钻孔段隔离开，然后用固定的水头向该段钻孔压水，水从孔壁裂隙向周围渗透，最终渗透水量会趋向一稳定值。根据压水水头、试段长度和渗入水量，便可确定裂隙岩石的渗透性能，通常以单位水头（m）、单位长度（m）试段和单位时间内的吸水量表示，称为单位吸水量。通过压水试验，可定性地了解地下不同深度岩层的相对透水性和裂隙发育程度，为评价、论证建筑物地基岩层的完整性和透水程度，制定基础防渗与处理方案提供必需的基本资料。

2. 压水试验的基本方法

（1）按供水和形成压力水头的方式可以分为静水柱压水法、孔内水柱压水法和水泵压水法。

① 静水柱压水法。靠设在高处的静水压力形成自流供水以进行压水试验，静水柱压水过程中，压力和流量易于稳定，压水连续均匀，试验成果准确，此方法适用于地下水位较浅的钻孔。

② 孔内水柱压水法。当地下水位较深（一般大于 15 m）时，供水水箱可以安放在钻孔孔口，水由水箱经阀门直接压入孔内，在孔内形成一定高度的水柱，提供必要的水柱压力，此方法与静水柱压水法的本质相同，优点相似，但设备简单，更易于操作和控制，且不受地形条件的限制。

③ 水泵压水法。此方法是用水泵提供压水试验所需的压力。试验时，水泵的送水管与压水栓塞的管柱连接，在栓塞内管柱顶端装有压力表，在送水管与回水管上分别装有进水闸门、流量表和分流闸门，用来调节进水流量和压力。水泵压水法使用的设备较多，造成误差的因素也较多，影响试验资料的准确性，因此只有在地形平缓、地下水位浅而不能使用静水柱压水法和孔内水柱压水法时才使用。

（2）按试验段的隔离次序分为分段压水法和综合压水法。

① 分段压水法。此法可分为自上而下分段压水法和自下而上分段压水法两种。

a. 自上而下分段压水法是当钻孔钻到第一试验段底部时，停止钻进，将栓塞塞在第一试验段顶部，做完试验后，继续钻进至第二试验段的底部，再将栓塞塞在第二试验段的顶部做试验，以此类推，直至终孔。此法的优点是岩粉充填岩层裂隙的时间短，影响小，试验资料比较可靠，缺点是费时多，纯钻进时间少。

b. 自下而上分段压水法是连续钻进，直至达到钻孔设计的深度，然后按照设计的试验段长度自下而上分段压水。此法的优点是钻进和试验互不干扰，纯钻进时间多，缺点是钻孔被封闭，不能作为长期观测孔。

②综合压水法。此法可分为自上而下综合压水法和自下而上综合压水法两种。

a. 自上而下综合压水法是当钻孔深度达到第一试验段底部时，将栓塞塞在第一试验段顶部做完压水试验后，继续钻进至第二试验段的底部，仍将栓塞塞在第一试验段的顶部做压水试验，以此类推，栓塞始终塞在第一试验段的顶部，直至终孔。

b. 自下而上综合压水法是全孔钻完后，再按设计的试验段长度，自下而上做压水试验。

3. 压水试验设备

压水试验设备主要有止水封隔器、供水设备以及水压、水量、水位等观测仪表。

（1）止水封隔器。止水封隔器（即止水栓塞）是隔离试验孔段、将压力水引入试验段进行压水试验的主要设备。常用的止水栓塞有双管循环式栓塞和单管顶压式栓塞。双管循环式栓塞又可以分为双管单栓塞和双管双栓塞。

双管单栓塞由内、外两层水管组成，底部有橡胶栓塞，内管上端有丝杠，丝杠套有丝扣绞盘。当栓塞下至试验段顶端时，扭转丝扣绞盘，使内管上升，外管相对下降，栓塞受压膨胀而压紧孔壁，从而达到隔离试验段的目的。试验时，压力水由内、外管之间的环状间隙经花管流入内管，由内管继续下流进入试验孔段。这种止水栓塞不受地下水位深度的限制，压力大小可以任意控制。

双管双栓塞上部丝杠装置与双管单栓塞相同，下部有上栓塞和下栓塞，其间有带圆孔的支力管。扭转丝扣绞盘，可同时使上、下栓塞受压膨胀而压紧孔壁，达到隔离试验段的目的。支力管的长度取决于试验段的长度，压水试验时，压力水由内、外管之间下流，经支力管圆孔流入试验段。

单管顶压式栓塞只有一层管柱，栓塞套在心管上，栓塞上下以及栓塞间有垫圈，心管伸入进水管内，心管顶端有锁帽，锁帽被挡台挂住，使心管不能脱落，整个栓塞用花管支撑在孔底，进水管的重量和钻机的压力使栓塞膨胀而隔离试验段，花管长度和试验段长度一致。压水试验时，压力水经进水管、心管、花管流入试验段。单管顶压式栓塞的主要优点是管路简单、安装方便，缺点是压力损失较大。

（2）其他设备、仪表。选择水泵时，除应考虑岩层预计的吸水量和所需要的最大压力外，还应保证压水时送水均匀、压力稳定、重量轻、便于装拆搬迁；压力表的选择应根据需要量测的压力值的大小，使要测的压力值约在压力表盘刻度的 1/3～3/4 的范围内，常用压力表的极限压力值多为 0.3MPa 左右；流量计有三角堰箱和流量表两种，用以计量流入试验段的水量；水位计是测量钻孔中地下水位和管内水位升高的工具，有电测水位计和测钟两种。

4. 试验段长度与压力值的确定

《水利水电工程钻孔压水试验规程》（SL 31—2003）规定：试验段长度宜为 5m，采用单栓塞分段隔离进行，岩石完整、孔壁稳定的孔段或有必要单独进行压水试验的孔段，可采用双栓塞分段进行。含断层破碎带、裂隙密集带、岩溶洞穴等的孔段，应根据具体情况确定试验段的长度。

5. 现场试验

现场试验内容包括洗孔、试段隔离、水位观测、压力和流量观测记录等。

## （六）旁压试验

旁压试验（PMT）也是岩土工程勘察中的一种常用的原位测试技术，实质上是一种利用钻孔做的原位横向载荷试验。其原理是通过旁压器在竖直的孔内加压，使旁压膜膨胀，并由旁压膜（或护套）将压力传给周围土体（或软岩），使土体（或软岩）产生变形直至破坏，并通过量测装置测出施加的压力和土体变形之间的关系，然后绘制应力 - 应变（或钻孔体积增量，或径向位移）关系曲线。根据这种关系对孔周所测土体（或软岩）的承载力、变形性质等进行评价。

1957 年，法国工程师梅那德研制成功了三腔式旁压仪，即梅那德预钻式旁压仪，由于其应用效果好，现已普及到全世界，但预钻式旁压试验要预先钻孔，因而会对孔壁土体产生扰动，旁压孔的深度也会因塌孔、缩孔等原因而受到限制，为了克服预先成孔等一系列缺点，自钻式旁压试验应运而生。

自钻式旁压仪是一种自行钻进、定位和测试的钻孔原位试验装置，它借助于地面上或水下的回转动力（通常可用水冲正循环回转钻机作为动力），利用旁压器内部的钻进装置，可自地面连续钻进到预定测试深度进行试验。

### 三、岩体原位测试

#### (一) 现场直接剪切试验

岩体原位直剪试验是岩体力学试验中常用的方法,它又可分为岩体本身、岩体沿结构面及岩体与混凝土接触面剪切三种。每种试验又可细分为抗剪断试验、摩擦试验及抗切试验。抗剪断试验是试件在一定的法向应力作用下沿某一剪切面剪切破坏的试验,所求得的强度为试件沿该剪切面的抗剪断强度;摩擦试验是试件剪断后沿剪切面继续剪切的试验,所求得的强度为试件沿该剪切面的残余剪切强度;抗切试验是法向应力为零时试件沿某一剪切面破坏的试验。

另外,岩体直剪试验一般需制备多个试件在不同的法向应力作用下进行试验,这是由于试件之间的地质差异,将导致试验结果十分离散,影响成果整理与取值。因此,工程界还提出了一种叫单点法的直剪试验,即利用一个试件在多级法向应力下反复剪切;但除最后一级法向应力下将试件剪断外,其余各级均不剪断试件,只将剪应力加至临近剪断状态后即卸荷。

#### (二) 岩体原位应力测试

岩体应力是工程岩体稳定性分析及工程设计的重要参数。目前,岩体应力主要靠实测求得,特别是构造活动较强烈及地形起伏复杂的地区,自重应力理论将无力解决岩体应力问题。由于岩体应力不能直接测得,只能通过量测应力变化而引起的诸如位移、应变等物理量的变化值,然后基于某种假设反算出应力值。因此,目前国内外使用的所有应力量测方法,均是在平硐壁面或地表露头面上打钻孔或刻槽,引起岩体中应力扰动,然后用各种探头量测由于应力扰动而产生的各种物理量变化值的方法来实现。常用的应力量测方法主要有:应力解除法、应力恢复法和水压致裂法等。这些方法的理论基础是弹性力学,因此,岩体应力测试均视岩体为均质、连续、各向同性的线弹性介质。

岩体应力测试适用于无水、完整或较完整的岩体,可采用孔壁应变法、孔径变形法和孔底应变法测求岩体空间应力和平面应力。

# 第二章 明挖法与辅助施工技术

## 第一节 概述

明挖法是从地表面向下开挖，在预定的位置修筑结构物方法的总称。在城市地下工程中，特别是在浅埋的地下铁道工程中获得广泛应用。一般说来，明挖法多用在地形平坦且埋深小于30m的场合，而且可以适应不同的结构类型，结构空间得到充分而有效的利用。明挖法施工一般分为基坑开挖、支挡开挖和地下连续墙三大类，各类又包含多种方法。从施工工艺考虑，目前采用较多的为如下几种方法。

### 一、顺筑法

地下结构物的施工顺序是非常重要的，它直接影响到施工效率和施工质量。在采用明挖法进行施工时，按照底板→侧壁（中柱或中壁）→顶板的顺序进行修筑是一种非常常见且标准的方法。这种顺序的施工方法被称为顺筑法施工。

首先，施工人员需要根据设计要求和工程图纸准确地开挖到预定的深度。这一步骤的准确性非常重要，因为它决定了后续施工工序的顺利进行。一旦开挖到预定的深度后，施工人员就可以开始按照顺序修筑地下结构物的各个部分了。

底板是地下结构物的基础，它承受着整个结构的重量。因此，在施工过程中，底板的修筑需要特别仔细和谨慎。首先，施工人员会对底板进行清理和处理，确保表面平整，没有任何障碍物。然后，他们会使用混凝土或其他适当的建筑材料进行底板的浇筑和加固。

接下来是侧壁的修筑，同时也可以选择修筑中柱或中壁来增强结构的稳定性。侧壁通常使用混凝土或砖块等材料修筑，确保墙体坚固且耐久。如果需要增强结构的稳定性，施工人员会修筑中柱或中壁。这些柱子或壁体将提供额外的支撑和增强结构的承载能力。

最后，顶板的修筑是整个地下结构最后的一道施工工序。顶板的修筑与底板的修筑类似，需要经过清理和处理后，使用适当的建筑材料进行浇筑和加固。确保顶板与其他部分的连接牢固，整个结构的稳定性得到保证。

需要注意的是，顺筑法施工的具体细节和步骤在此不再赘述，因为这些涉及具体工程的要求和设计方案。而在实际施工过程中，施工人员需要根据具体情况灵活运用这些施工方法，确保地下结构物的质量、安全和稳定。

## 二、逆筑法

逆筑法（Top-down method）是一种在特定情况下常用的开挖方法。它主要适用于深层开挖、软弱地层开挖以及需要靠近建筑物进行施工的情况。通过利用刚性支挡结构，首先建造结构物的顶板或中层板，然后再进行开挖工作。这种方法的一个优点是在下部开挖之前，可以对顶板上方的埋设物和地面进行恢复，使地面恢复迅速。因此，在需要快速恢复地面的紧急情况下，逆筑法是一种非常适合的选择。

逆筑法的具体步骤如下。首先，根据设计要求，确定刚性支挡结构的位置和尺寸。然后，在该位置建造支挡结构，通常采用钢筋混凝土结构。建造完成后，可以开始进行开挖工作。由于已经有了刚性支挡结构的支撑，因此可以先开挖地下部分，再逐渐向上进行开挖。在开挖过程中，要注意保持支挡结构的稳定性和安全性。

逆筑法的优点之一是能够解决软弱地层开挖的困难。软弱地层通常是指土壤的承载能力较差的地区，传统的开挖方法可能会导致出现土体塌方或不稳定现象。而逆筑法通过使用刚性支挡结构的方式，能够有效地保持土体的稳定性，降低了开挖风险。

此外，逆筑法还可以在接近建筑物进行施工时使用。在施工过程中，如果采用传统的底部开挖方法，可能会对建筑物产生影响甚至造成结构损坏。而逆筑法则是从建筑物的顶部开始进行开挖，通过逐层进行开挖，可以最大程度地减少对建筑物的影响。

### 三、辅助工法

辅助工法是一种确保地下工程施工过程中工作面的稳定，从而安全、经济地进行施工的方法。在地下工程施工中，工作面的稳定性是一个重要的考虑因素，因为任何工作面的坍塌或不稳定都可能导致严重事故的发生。

辅助工法有很多种类，其中一种常见的方法是地下工程支护。这种方法通过在工作面周围设置钢支撑体系来增强其稳定性。钢支撑体系通常由钢梁、钢架和钢筋等组成，能够有效地承受地下施工过程中的荷载压力。这种辅助工法不仅可以确保工作面的稳定，还可以提高施工效率，节省成本，因此被广泛应用于各种地下工程项目。

此外，地下工程施工中还可以采用注浆技术作为一种辅助工法。注浆技术是通过在工作面周围注入浆液或混凝土，形成一层牢固的注浆体，以增强工作面的稳定性。这种方法可以用来填充岩石的裂缝，提高其强度和密实性，从而减少岩石的变形和位移，确保工作面的安全和稳定。

在一些特殊情况下，地下工程施工还可以采用预应力技术作为辅助工法。预应力技术是通过在工作面周围设置预应力锚杆或预应力锚喷杆等预应力设施，施加一定的预应力力量来控制工程的变形和位移。这种技术可以有效地提高工作面的稳定性，减少断层的发生，并保证施工的安全和经济。

# 第二节　地下连续墙法

## 一、地下连续墙定义与特点

1950 年，意大利依柯斯公司首次在水库和贮水池挡水墙工程施工中，以连锁钻孔成墙的排桩式地下连续墙施工取得成功，引起各国的注意。之后随着成槽工艺的发展，在西欧逐步形成了以导板抓斗和冲击钻成槽的依柯斯法、以单斗挖槽的埃尔塞法（意大利）、以冲击回转钻机成槽的索列汤舍法（法国）、以反循环法成槽的反循环法（德国）等施工方法。

**(一) 地下连续墙定义**

利用各种挖槽机械，借助于泥浆的护壁作用，在地下挖出窄而深的沟槽，并在其内浇注一定的适当材料而形成一道具有防渗 (水)、挡土和承重功能的连续的地下连续墙体，称为地下连续墙。这种地下连续墙在欧美国家称为“混凝土地下连续墙”或泥浆墙；在日本则称为“地下连续壁”或“连续地中壁”或“地中连续壁”；在我国则称为“地下连续墙”或“地下防渗墙”。

此外，国外也有把上面所说的连续墙分为以下两大类，即凡是放有钢筋的、强度很高的称为地下连续墙，而那些没放钢筋、强度较低的称为泥浆墙，其实这种分法也不是很确切。

**(二) 地下连续墙的特点**

1. 地下连续墙的优点

(1) 施工的噪声小、震动小，特别适宜于城市和密集的建筑群中施工。

(2) 墙体刚度大。国内地下连续墙的厚度可达 $0.6 \sim 1.5m$。用于基坑开挖时，可承受很大的土压力，极少发生地基沉降或塌方事故，变形小，已经成为深基坑支护工程中必不可少的挡土结构。如地下连续墙与锚杆配合拉结，或用内支撑或地下结构支撑，则可抵抗更大的侧向压力，基坑亦能筑得更深。

(3) 防渗性能好。由于墙体接头形式和施工方法的改进，使地下连续墙几乎不透水。如果把墙体伸入到不透水层中，那么由它围成的基坑内的降水费用就可大大减少，对周边建筑物和街道的影响也变得很小。

(4) 可以贴近施工。由于具有上述几项优点，可以紧贴原有建 (构) 筑物建造地下连续墙。国内已经在距离楼房外 10cm 的地方建成了地下连续墙。开挖基坑无需放坡，土方量小，且不影响建筑物基础的安全。

(5) 可以用逆作法施工。地下连续墙刚度大，易于设置构件，易于进行逆作法施工，从而缩短工期。

(6) 适用于多种地基条件。地下连续墙对地层的适应性强。从软弱的冲积地层到中硬的地层、密实的砂砾层，各种软岩硬岩等所有的地基都可以建造地下连续墙。除遇夹有孤石、大粒径卵石、砾石地层而成槽效率较低外，对一般黏性土、无黏性土、卵砾石等地层均能获得较高的成槽效率。

（7）可用作刚性基础。目前的地下连续墙不再单纯作为防渗防水、深基坑围护墙，而是越来越多地用来代替桩基础、沉井或沉箱基础，承受更大荷载。

（8）用地下连续墙作为土坝、尾矿坝和水闸等水工建筑物的垂直防渗结构，是非常安全和经济的。目前仍然是处理有安全隐患的土坝的主要技术手段。

（9）占地少。可以充分利用建筑红线以内有限的地面和空间，充分发挥投资效益。

（10）施工速度快，机械化程度高。水下导管灌注混凝土能保证墙体的质量，并可在低温条件下施工，灌注混凝土不用支模、养护。因此，可节约施工费用和支模木材。即工效高、工期短、质量可靠、经济效益高。

2. 地下连续墙的不足

（1）施工技术要求较高，每项工序、每个环节施工不当都会给工程带来困难，影响工程的进度和质量。如槽壁坍塌问题等。

（2）在岩溶地区或含有较高承压水的夹层组、粉砂地层不适用。

（3）对于小型独立单体深基础以及深度不大的地下构筑物，采用地下连续墙，造价高，不经济。

（4）如果施工场地设施不当，易造成现场泥浆污染，妨碍施工安全、高效地进行。

（5）墙面虽可保证垂直度，但比较粗糙，尚需进行处理或加衬壁。

**（三）地下连续墙的用途**

地下连续墙具有多种功能，应用范围较广泛：

（1）作为高层建筑的深基础、地下室；

（2）用于城市道路立交桥、地下铁道、地下商场、地下储油库、顶管工作井等工程；

（3）用于水利水电建设中的挡土墙、防渗坝、截水帷幕等；

（4）近年来大量用于船坞、船闸、升降机坞、码头岸壁等工程；

（5）用于抗滑挡土墙、防爆墙等工程。

**（四）地下连续墙在基础工程中的适用性**

地下连续墙在基础工程中的适用条件归纳起来，有以下几点：

（1）基坑深度大于10m；

（2）软土或砂土地基；

（3）在密集的建筑群中施工基坑，对周围地面沉降、建筑物的沉降要求需严格限制时；

（4）围护结构与主体结构相结合，用作主体的一部分，且对抗渗有严格要求时；

（5）采用逆作法施工，内衬与护壁形成复合结构的工程。

**（五）地下连续墙的分类**

地下连续墙的分类方法较多，大致有以下几种。

（1）按成墙方式可分为：桩排式、槽板式、组合式。

（2）按墙的用途可分为：防渗墙、临时挡土墙、永久挡土（承重）墙、作为基础用的地下连续墙。

（3）按墙体材料可分为：钢筋混凝土墙、素混凝土墙、固化灰浆墙、钢管地下连续墙、后张预应力地下连续墙等。

（4）按开挖形式可分为：地下连续墙（开挖）、地下防渗墙（不开挖）。

## 二、地下连续墙及其构造

地下连续墙主要由导墙、槽段墙体、槽段接头、结构接头等几部分构成。

**（一）地下连续墙的基本形式**

目前，基础工程中的地下连续墙形式主要有以下几种。

1.壁板式

这是应用得最多的地下连续墙形式，用于直线形墙段、圆弧形（实际是折线形）墙段。

2. T 形

这类地下连续墙适用于基坑开挖深度较大，支撑垂直间距较大的情况，其应用深度已超过 25m。

3. 格形

这是一种将壁板式及 T 形地下连续墙组合而成的结构，靠自重维持墙体的稳定，已用于大型的工业基坑。

4. 预应力 U 形折板

这是一种由上海市地下建筑设计院开发的新形式，新工艺地下连续墙，应用于上海市地下车库。折板是一种空间受力结构，具有刚度大、变形小、节省材料等优点。如取地下连续墙厚度为 600mm，则 T 形连续墙的折算厚度为 0.835~0.913m，而 U 形折板连续墙的折算厚度为 0.76m，节省混凝土 13%，节约钢筋约 20%。

## （二）槽段接头

在基坑工程中应用的地下连续墙槽段接头形式，有以下几种。

1. 使用接头管

这是最常用的一种接头形式。单元槽段挖成后，于槽段的端头吊放入接头管，槽内吊放钢筋笼，浇灌混凝土，再拔出接头管，形成两相邻槽段间的接头。

2. 用隔板做成的接头

按隔板的形式可分为平隔板、V 形隔板和榫形隔板；按与水平钢筋的关系，可分为不搭接接头及搭接接头。这种形式适用于深度大的地下连续墙，不必拔接头管。

3. 用预制件作接头

按所用材料，可分为钢制的和钢筋混凝土制作的。还有插入的型钢，既作为承受墙身剪力和弯矩的主要材料，又是两相邻墙段的连接件。对于较深的地下连续墙，采用带有波纹钢板的预制接头，对受力及防渗都有效。

4. 采用接头箱做成接头

可用于传递剪力和拉力的刚性接头施工。施工方法与接头管相仿。单元槽段挖完后，吊下接头箱，由于接头箱在浇灌混凝土的一侧是敞开的，所以可以容纳钢筋笼端头的水平钢筋或接头钢板插入接头箱内。浇灌混凝土时，由于接头箱的敞开口被焊在钢筋笼上的钢板所遮挡，因而混凝土不会进入箱内。接头箱拔出后，再开挖后期单元槽段，吊放后期墙段钢筋笼，浇灌混凝土形成新的接头。

5. 钢板止水式接头

这种接头也是采用接头箱的一种接头形式，相邻单元墙段连接全部采用钢筋笼凹凸镶接。接头的"刚性"和"止水"是通过先浇墙段封头钢板上开孔穿出的预留钢筋和"T"形止水条与后浇墙段相配合来实现的。施工时采用专门设计的带勾头的接头箱，以使先浇墙段的钢筋笼准确就位，并用专门设计的压力箱作为接头箱的后靠，把混凝土对封板的压力，通过接头箱和反力箱传至槽端土壁上，防止封头钢板产生较大的外胀变形。

6. 钢筋焊接接头

为加强地下连续墙的整体性、简化施工，可在基坑开挖后，将地下连续墙的内面钢筋保护层凿开，将相邻槽段的水平钢筋用短筋焊接。

**（三）导墙**

导墙一般为现浇钢筋混凝土结构，应具有必要的强度、刚度和精度，要满足挖槽机械的施工要求。在确定导墙形式时应考虑下列因素。

（1）地表层土的特性。表层土体的密实、松散，是否是回填土，其物理力学性能，有无地下埋设物等。

（2）荷载情况。挖槽机的质量与组装方法，钢筋笼质量，挖槽与浇灌混凝土时附近存在的静载与动载情况。

（3）地下连续墙施工时对邻近建（构）筑物可能产生的影响。

（4）地下水状况。地下水位高低及水位变化情况。

（5）当施工作业面在地面以下时（如在路面以下施工），对先施工的临时支护结构的影响。

① 导墙的作用与基本要求。

a. 阻止槽壁顶部的坍塌。

b. 支承施工荷载。导墙间常设临时木支撑或填黏土来防止导墙变形。而且在导墙上还常设钢筋混凝土顶板方便施工，并对所承地面荷载也有一定的分布作用。

c.保持泥浆液面。为了保持槽壁面的土体稳定，一般必须维持泥浆面高出地下水位1.0m以上的高度。

d.作为控制地下连续墙平面尺寸的地面标志，导墙的中心线应与地下连续墙的中心线一致，导墙宽度按一般经验应比地下连续墙的宽度大3~6cm。导墙位置和尺寸的准确性、竖向的垂直程度等直接影响地下连续墙的水平位置、墙体厚度和施工质量等，必须认真施工。

② 导墙施工顺序。

平整场地→测量定位→挖槽→绑钢筋→支模板（一侧利用土模，一侧用模板）→支对撑→浇筑混凝土→拆模板加横撑→整理两侧土方（空隙填实夯实）。

③ 导墙施工要点。

a.导墙基底应和上面密贴，墙侧回填土用黏性土夯实。

b.导墙中心位置即地下连续墙的中心，在平面上必须按测量位置施工，在竖向必须保证垂直，它直接关系到地下连续墙的精度。

c.导墙的转角处做成平面形式，以保证转角处断面的完整。

d.导墙内水平钢筋必须相互连接成整体。

**（四）结构接头构造**

地下连续墙与建筑物内部的梁、楼板及柱的结构接头通常有下列几种方法。

1.预埋连接钢筋法

这种方法是应用较多的一种方法，它在浇筑墙体混凝土之前，将设计的连接钢筋与钢筋笼绑在既定的地方，与钢筋笼一起吊入墙内，并将连接钢筋加以弯折，待内部凿开墙面至露出预埋筋。

2.预埋连接钢板法

这种方法是将钢板预埋在钢筋笼需要连接的位置上，钢筋笼吊入槽内，浇筑混凝土，挖土到连接位置时，将混凝土面凿开后露出钢板，然后与结构钢筋焊接连接。

3.预埋剪力连接件法

剪力连接件的形式有多种，但以不妨碍浇筑混凝土、承压力大且形状简单者较好。剪力连接件先预埋在地下连续墙内，然后弯折出来，与建筑物梁板结构的后浇部分连接。

## 三、槽孔施工方法

### (一) 施工前的准备

地下连续墙正式施工之前应根据工程要求和地质条件决定墙体深度、厚度、施工方法、施工设备和施工精度。另应修筑导墙，铺设轨道，建立泥浆配置站及循环沟槽与沉淀池和进行必要的施工材料准备。

1. 导墙的施工

(1) 导墙的主要作用：

① 起挖槽、造孔导向作用；

② 储存触变泥浆；

③ 维护槽口稳定，避免塌方；

④ 支承造孔机械及其他设备的荷载。

导墙无论在强度要求还是规格掌握方面，均应加以严格控制。因为它直接影响连续墙的施工质量。

(2) 导墙的主要形式。① 水平导墙是一种常见的槽孔施工形式。它适用于比较平坦的地面，一般用于道路、高架桥和地铁隧道的建设中。在水平导墙施工过程中，工人首先根据设计要求在地面上打好槽孔，然后将钢筋和混凝土灌入槽孔中，形成坚固的墙体结构。水平导墙具有结构稳定、施工方便等特点，因此在工程中应用广泛。

② 垂直导墙是另一种常见的槽孔施工形式。这种形式适用于需要垂直支撑的工程，比如地下室的建设、挖掘机械的施工等。垂直导墙的施工过程相对复杂，工人需要根据设计要求在地面上打好槽孔，然后进行施工支撑，并且需要进行墙体的加固和防水处理。垂直导墙具有耐久性强、适应性广等特点，因此在地下工程中得到广泛应用。

(3) 导墙的规格及施工。如果地下墙是作为深基坑围护结构，导墙应考虑一定余量放样（一般取2cm+成槽精度 × 最大开挖深度）。导墙内净宽一般比设计墙厚2～5cm，导墙的深度一般取1.5～2.0m。除考虑用途外，还要根据地质条件，使导墙坐落在稳定的老土层以下。导墙厚一般取 20～30cm 现浇钢筋混凝土，混凝土强度等级在 C20 以上。立井混凝土帷幕施工一般都比较深（50m 以上），穿过地层变化也较大，往往要采用一种以上机械开挖，故导墙宽度至少要大于钻头直径 20cm。导墙顶部要略高于地平，以防地表水反流槽内。

2. 泥浆系统

（1）泥浆的功能。

①护壁。泥浆柱压略大于地下水土压力，泥浆向地层流渗形成一层薄韧致密透水性很小的泥皮，同泥浆柱一起平衡地压，稳定井壁。

②洗槽。利用泥浆为介质进行循环排碴。钻头钻下的岩屑及时由泥浆携带排出槽外、而始终切削新土，提高了机械效率。

③冷却润滑钻头。泥浆的循环降低了由于钻头与土层所作机械功而产生的温升。同时泥浆又是一种润滑剂，从而降低了钻机的磨损程度。

（2）泥浆主要成分。

泥浆的主要成分是膨润土、水、化学掺剂和一些惰性材料。

**（二）槽孔施工工艺**

1. 造孔机械

槽孔施工是地下连续墙的主体工程。合理施工方法的选择是保证工程高速、优质地完成，并获得良好经济指标的关键。近年来，国内外研制的施工机械及其相应施工方法达数十种之多，但可归纳为三种基本形式：冲击式造孔直接出土机械及施工方法；斗式成槽机械及施工方法；旋转切削式泥浆循环出碴成槽机械及施工法。

（1）冲击式造孔直接出土式机械。它是依靠钻头的自重，在充满泥浆的孔中反复冲击破碎岩土，然后用带有活底的取碴筒将破碎下来的岩屑取出。该设备构造简单，操作容易，适应性强，在坚硬土层和含砾石、卵石等复杂地层中均可应用。槽孔垂直精度可控制在 2‰～3‰，适用于深度较大的造孔施工。冲击式钻进时，用掏碴筒排除孔内碎碴，钻进和排碴间断进行，因此效率低，钻孔噪声和振动较大，所以，不宜在人口密集和靠近建筑物地区进行造孔作业。

（2）斗式成槽机械。抓斗式成槽机的特点是利用抓斗上嵌的犁齿直接对土层进行破碎、抓取，并将土体运出槽外。其型式主要有各种索式导板抓斗、液压导板抓斗和刚性导杆抓斗等。使用专门机架沿导墙上铺的轨道移动工作或在履带吊车上工作。我国采用钻抓配套专用成槽机械，以潜水电钻钻导孔、索式导板抓斗抓土，在软土地基施工中使用。近来，上海在软土地基采用 MHL 绳索长导板液压抓斗机和 KH-180 大吊车配合施工地下连续墙达 15 万平方米以上。

使用抓斗式挖槽机一般都要预先在槽段两端用钻机钻两个垂直导孔，然后，用抓斗抓除两导孔间的土体，以形成槽段。由于采用抓斗时土层不经破碎而被直接送至地面，又不需要泥浆循环和净化，故可降低泥浆消耗量，简化施工管理，提高工效，槽段衔接也较好，一般适于 50m 以下槽孔。

（3）回转式造孔机械。回转式造孔机械用钻头、刃具对土层进行钻削，并借助泥浆循环排碴，机械化程度和工效、成孔质量、垂直精度均较好，而且噪声小，对侧面土体扰动较小，最适于土质较差、开挖较深的槽段。但其结构复杂，遇有大粒径砾石、卵石层难于使用。回转式造孔机械形式较多，如"察尔森"型钻机、SFZ-150 型反循环水文井钻机、红星-400B 型回转钻机。较为先进的主要有日本的 SW 法多钻头成槽机和 TBW 多滚刀钻机。我国上海基础工程公司的 SF-60 多头钻成槽机使用广泛。

2. 槽孔（段）的划分与施工

（1）槽段划分。槽段的划分应根据综合因素考虑，一般认为划分段数越少，对其整体性及防渗性能越有利。但由于土质稳定要求和机械的选用又要控制槽段长度不能过大，所以应根据水文地质条件、设备提吊能力、挖土机械特点、混凝土供应能力和施工条件，以及施工精度要求具体划分。

（2）槽段（孔）的施工方法。

① 冲击式和斗式施工方法。冲击式钻机先钻出主孔，然后用十字形钻头冲打副孔。主孔是指一个槽段内每隔一定距离首先钻出的圆孔（包括各槽段之间的接头孔）。副孔是指相邻两主孔间的土体。

主孔钻进的质量关系到副孔乃至一个槽段的施工质量，应力求垂直，使偏斜最小。钻进中要经常调节泥浆特性，及时补充新浆。一般每钻进 0.5～1.0m 即应用掏碴筒排碴。斗式成槽机槽段开挖和冲击式有些类似，但出土方法不同，有"两钻一抓"式、分条（或块）抓和先抓单号条（或块），再抓双号条（或块）等几种方式。抓斗式挖槽，特别是液压抓斗上设有倾斜仪和纠偏液压推板，可随时调控成槽垂直度，所以这种机械适应性较强，速度快，效率高。

②回转多头钻成槽机及泥浆反循环排碴施工法。成槽一般采用三段或四段式。这种方法是钻进和排碴同时进行，效率较高。排碴利用压气排浆泵排碴。从两个方面加强质量控制。一是进行减压钻进，即钻头对岩土压力保持其重量的一半，另一半由机架悬吊，由测力传感器控制，这样使钻机始终保持铅垂状态。二是用自动测斜装置和纠偏装置，随时测斜和纠偏。无论采用何种施工方法，挖槽结束后，必须扫孔清碴，待槽孔符合设计标准，进行清孔换浆，保证护壁效果，以利于下放钢筋笼和浇筑混凝土。

### 四、泥浆下灌注混凝土

地下连续墙一般为钢筋混凝土结构，但它的施工又不同于一般钢筋混凝土，它是在新挖掘的地下槽段内，以其周边和槽底为模板，在泥浆下浇筑。

#### （一）钢筋笼设计与施工

因槽段内充满泥浆，无法在槽内捆扎钢筋，因而以焊接形式或其他特殊捆扎方式将钢筋组合成为桁架式的钢筋笼，然后用起重机提吊放入槽内。因此，钢筋笼的构造需相当牢固，经得起吊放而不致变形或杆件脱裂。钢筋笼尺寸也不同于地面钢筋混凝土结构，它必须考虑的主要因素如下。

（1）由于地下连续墙采用溜灰管置换泥浆浇筑混凝土，因而设计时应考虑以下几方面的问题。

①溜灰管在钢筋笼里浇筑混凝土，钢筋网对混凝土流动构成一定程度的阻力，钢筋愈密集，则混凝土流动愈困难。所以，除从强度角度考虑钢筋笼间距外，还要考虑泥浆下浇筑混凝土流动的顺畅，钢筋间距应不小于80mm。

②在泥浆中浇筑混凝土，提升扩张的混凝土表面受浆液侵蚀以及槽壁泥皮的影响，形成的墙体有效壁厚要折减。所以，钢筋笼保护净距宜取100mm，底部可取200mm。

③庞大的钢筋笼吊放过程是一个非常复杂的力学问题，要求钢筋有足够的刚度，经得起吊放而不变形，一般在钢筋笼中布设纵横向桁架以作加强。

（2）钢筋笼制作与吊运。要求钢筋笼非常平直，必须设置固定制作台。制作时清除钢筋油污、土泥等附着杂物。钢筋笼为刚性接头或分段搭接时，搭接形状和搭接长度要符合设计和规范要求，以利于搭接的准确性。

钢筋笼尺寸巨大，虽然在制作过程中采取了一些加强措施。但起吊时还必须采取下列措施：一般采用两副钩起吊方式，选择足够吊重能力的起重机，比如在地下连续墙液压抓斗工作法主要工序图中所用的吊钢筋笼专用用具。

（3）吊放与定位。吊起的钢筋笼运行至槽段位置，对准槽位缓慢下降，防止碰伤槽壁，以导墙基准标尺进行定位。定位后利用型钢或钢轨等穿过吊环架固定钢筋笼以防下沉。若采用两段以上钢筋笼分段搭接，则应先吊放下段，并临时架放在导墙面上，搭接部分高出导墙面，调整好水平和垂直度，再吊上一段钢筋笼对准上下筋相互搭接后捆扎或焊接，然后直达到底。

### （二）浇灌混凝土

在泥浆中通过导管浇筑混凝土是一种特殊的施工法，难以使用振捣设备，混凝土密实性只能依靠其自重压力和浇筑时产生的局部振动来实现。灌注过程中，混凝土的流动易将泥浆和槽内沉碴卷入墙体，造成局部混凝土质量变劣。因此，对混凝土拌合料级配、流动性和和易性要求更严格，施工工艺同样要求更严格。

1. 对混凝土的要求

（1）坍落度 18～22cm。

（2）采用普通硅酸盐水泥或矿渣水泥，混凝土的强度等级为 C20～C30，混凝土的强度比原来提高 20%～25%。

（3）水灰比 <0.60。

（4）粗骨料最大粒径不大于 25cm。

（5）1m³ 混凝土的水泥用量不少于 400kg。

（6）适当加入不同用途的掺合料（如木质素、粉煤灰、高炉炉渣和黏土等),以减小水灰比,增大流动性及抗渗性等。

2. 浇灌混凝土

混凝土经导管向槽内灌注。导管由内径200～300mm厚的无缝钢管连接而成,管底用栓塞或封底管封严。在灌混凝土前的空管时,不允许水从接头和管底进入导管内。开始浇灌时,若导管采用底盖式,将管插入底部,再灌入混凝土至满,然后,提吊导管离底部20～30cm,以便混凝土流出;若采用栓塞式,则管口离底部20～30cm,并在混凝土灌入之前将栓塞放入导管内,混凝土灌入后以其重量压推栓塞流出底部。随之混凝土经管底孔口进入槽孔。

导管的数量应以浇筑混凝土能够达到所灌槽孔的任何部位,并保持其密实性为考虑因素。导管间距一般控制在3.5m以内。随着槽孔内混凝土面不断地上升,在保证导管底口始终没入混凝土内一定深度的条件下,定时提升并拆除导管。为缩短拆管时间,减少提管阻力,导管接头宜采用快速接头。导管没入混凝土深度取决于导管间距、混凝土初凝时间、灌注深度和速度等,一般应大于1～1.5m,如小于1m,导管附近易出现溢流现象,将已灌混凝土表面沉碴和变质泥浆灌入混凝土中,从而削弱了混凝土强度。施工中根据具体情况宜控制在2～6m内,混凝土应连续浇筑,搅拌站应根据施工条件,既不中断又不积压地供料。

### (三) 槽段的连接与接头施工

地下连续墙各槽段之间的接头应该满足强度和抗渗要求。根据其功能作用,对地下连续墙的接缝有以下不同要求。

(1) 挡土墙和防渗墙,应具备防水功能。

(2) 永久性结构墙体,因承受土压、水压和工作压力等,接缝应能将应力传递至承载层,并有抗震能力。接头的构造形式应具有可行性、实用性和经济性。较常用的种类如下。

① 圆形接头管连接。此为常用型式,构造简单,吊放和起拔方便。但要很好控制混凝土初凝时间,拔管时既要使提拔力最小,又要保证混凝土自撑不塌。防水效果较差。

② 混凝土预制板或钢板接头。将预制混凝土板和钢筋笼同时放入槽沟

内，在预制板外的槽沟可回填碎石，或安装压气囊以抑制预制板的侧向位移。此种接缝形式的优点是地下槽向开挖后露出的预制板，其内侧钢筋可和凿出的横筋相接，增强了接缝的结构性。但预制板笨重，当连续墙深度较大时吊放困难。

（3）刚性接头。该式接缝将先后施工的两单元横筋按设计的长度叠合。通常先施工的槽段两端以钢板作为端板，混凝土浇筑仅限于两端板之间。为防止混凝土外漏，常用高韧性的人造合成纤维帆布连成一道围堵隔帘。端板材料一般采用钢板，断面有平面形、双十字形、凹槽或开口箱形、十字形和其他复合形式。

# 第三节　井点降水法

## 一、井点降水基本知识

基坑开挖时，流入坑内的地下水和地表水如不及时排除，会使施工条件恶化，造成土壁塌方，也会降低地基的承载力。施工排水可分为明排水法和人工降低地下水位法两种。

明排水法：一般采用截、疏、抽的方法。

（1）截：在现场周围设临时或永久性排水沟、防洪沟或挡水堤，以拦截雨水、潜水流入施工区域。

（2）疏：在施工范围内设置纵横排水沟，疏通、排干场内地表积水。

（3）抽：在低洼地段设置集水、排水设施，然后用抽水机抽走。

井点降水，是人工降低地下水位的一种方法。就是在基坑开挖前，预先在基坑周围或者基坑内设置一定数量的滤水管。在井点内抽取地下水，以保证地下工程处于无地下水侵蚀状态下的一种保护性的施工技术措施。

井点降水的主要设施是抽水井点与降水设备。抽水井点通常有轻型井点、喷射井点、管井井点等。降水设备主要有真空泵、喷射泵、电泳设备、潜水泵、深井泵等。

井点降水就是围绕地下施工场地将一系列井点管埋设于开挖面之下的地层中，并将其连接到抽水总管，用真空泵、潜水泵、深井泵等抽水设备将地下水抽出，以降低地下水位，或进行土层疏干或降低土中含水率，为防止渗水、改善施工条件所采取的工程措施。

近年来，由于各种复杂原因，我国基坑工程事故常有发生，这些基坑工程事故主要表现为支护结构产生较大位移、支护结构破坏、基坑塌方及大面积滑坡、基坑周围道路开裂和塌陷、与基坑相邻的地下设施变位以至于破坏、导致邻近的建筑物开裂甚至倒塌等。大部分基坑事故都与地下水有关，因此，在基坑工程施工中必须对地下水进行有效治理。采用井点降水施工，往往是治理地下水的有效方法或措施。当然，井点降水不是适用于所有的地下工程施工，有些地下工程施工时只需要采用排水措施就可以保证施工，这时就不需要采用井点降水施工。

## 二、降水施工与排水施工的比较

### (一) 降水法施工的应用场合

一般来说，降水施工大多用于地下水位比较高的施工环境中，是土方工程、地基与基础工程施工中的一项重要技术措施，能疏干基土中的水分、促使土体固结，提高地基强度，同时可以减少土坡土体侧向位移与沉降、稳定边坡、消除流沙、减少基底土的隆起，使位于天然地下水以下的地基与基础工程施工能避免地下水的影响，提供比较干的施工条件，还可以减少土方量、缩短工期，提高工程质量和保证施工安全。

1. 地下水降水

地下工程 (或建筑物基础工程) 施工过程中，经常遇到地下水位较高的场合，较好的方法就是采用降水法施工。通常都采用井点降水的方法，人工降低地下水位。井点降水是在基坑开挖前，预先在基坑周围埋设一定的滤水管，利用抽水设备从中抽水，使地下水位降到坑底以下，在基坑开挖过程中仍不断抽水，使施挖的土始终保持干燥状态，从根本上防治流沙。

2. 土中水降水

在工程中有时候虽然地下水位不高，或根本就不存在地下水，但由于土的含水量高，土的渗透系数较小，也需要采取降水措施才能施工。如深厚的淤泥层，这些淤泥如果清理换填，也很难处理。这些含在淤泥中的水被称为"土中水"，解决这些土中水，也可以采用井点降水的方法进行处理。

3. 井点降水的作用

(1) 防止地下水涌入坑内；

(2) 防止边坡由于地下水的渗流而引起的塌方；

(3) 使坑底的土层消除了地下水位差引起的压力，因此防止了坑底的管涌；

(4) 降水后，使板桩减少了横向荷载；

(5) 消除了地下水的渗流，也就防止了流沙；

(6) 降低地下水位后，还能使土壤固结，增强地基土的承载能力。

**(二) 排水法的应用场合**

排水法主要用于地表水和雨水排水，在土的渗透系数大的场合，可以采用排水法施工。排水法施工的典型特征是明沟排水、管道排水或明沟加集水井降水。

排水法的适用范围：集水井降水法一般适用于降水深度较小且土层为粗粒土层或渗水量小的黏性土层。当基坑开挖较深，又采用刚性土壁支护结构挡土并形成止水帷幕时，基坑内降水也多采用集水井降水法。在井点降水仍有局部区域降水深度不足时，也可辅以集水井降水。

1. 明沟排水

明沟排水主要用于场地排水，把地面上露天的排水沟称为明沟或阳沟。在基坑的一侧或四周设置排水明沟，在四角或每隔 20～30m 设一集水井，排水沟始终比开挖面低 0.4～0.5m，集水井比排水沟低 0.5～1m，在集水井内设水泵，将水抽排出基坑。

(1) 明沟的作用。将雨水或地表水有组织地导向集水井，排入地下排水道。必要时，可以做成分层明沟、集水井进行排水。明沟适用于土质情况较好、地下水量不大的基坑排水。当基坑开挖土层由多种土层组成，中部夹有透水性强的砂类土时，为防止上层地下水冲刷基坑下部边坡，宜在基坑边坡上分层设置明沟及相应的集水井。

(2) 明沟的坡度。明沟纵向坡度不小于 1%。

(3) 明沟的构造做法。当地下基坑相连，土层渗水量和排水面积大，为降低大量设置排水沟的复杂性，可在基坑内的深基础或合适部位设置一条纵、长、深的主沟，其余部位设置边沟或支沟与主沟连通，通过基础部位用碎石或砂作盲沟。适用于深度较大、地下水位较高、上部有透水性强的土层的基坑排水。明沟可用混凝土、砖、块石等材料砌筑，通常用混凝土浇筑成宽 180mm、深 150mm 的沟槽，外抹水泥砂浆。

（4）集水坑的构造。

集水坑的直径或宽度一般为 600～800mm，其深度随着挖土的加深而加深，并保持低于挖土面 700～100mm。坑壁可用砖垒筑，也可用竹筐、木板等简易加固。当基坑挖至设计标高后，集水坑底应低于基坑底面 1.0～2.0m，并铺设碎石滤水层（200～300mm 厚）或采用双层滤水层，下部砾石（80～100mm 厚）、上部粗砂（60～100mm 厚），以免由于抽水时间过长而将泥砂抽出，并防止坑底土被扰动。

（5）集水坑的施工。集水井一般在基坑或沟槽开挖后设置。土方开挖到坑（槽）底后，先沿坑底的周围或中央开挖排水沟，并设置集水井。土方开挖后，地下水在重力作用下经排水沟流入集水井内，然后用水泵抽出坑外。如果开挖深度较大，地下水渗流严重，则应再逐层开挖，逐层设置。

2. 暗沟与管道排水

所谓暗沟也是阴沟，是埋藏于地下的排水沟。这种排水方法也可以采用埋设地下管道的方法。

3. 明沟加集水井降水

明沟加集水井降水是一种人工排降水法。它具有施工方便、用具简单、费用低廉的特点，在施工现场应用得最为普遍。在高水位地区基坑边坡支护工程中，这种方法往往作为阻挡法或其他降水方法的辅助排降水措施，它主要扫除地下潜水、施工用水和天降雨水。明沟、集水井排水，视水量多少连续或间断抽水，直至基础施工完毕、回填土为止。当基坑开挖的土层由多种土组成，中部夹有透水性能的砂类土，基坑侧壁出现分层渗水时，可在基坑边坡上按不同高程分层设置明沟和集水井构成明排水系统，分层阻截和排除上部土层中的地下水，避免上层地下水冲刷基坑下部边坡造成塌方。

在地下水较丰富地区，若仅单独采用这种方法降水，由于基坑边坡渗水较多，锚喷网支护时使混凝土喷射难度加大（喷不上），有时加排水管也很难奏效，并且作业面泥泞不堪，妨碍施工操作。因此，这种降水方法一般不单独应用于高水位地区基坑边坡支护中，但在低水位地区或土层渗透系数很小及允许放坡的工程中可单独应用。

### (三) 常用的井点降水方法

在地下水位以下的含水丰富的土层中开挖大面积基坑时，明沟排水法难以排干大量的地下涌水。当遇粉细砂层时，还会出现严重的翻浆、冒泥、涌砂现象，不仅使基坑无法挖深，还可能造成大量的水土流失、边坡失稳、附近地面塌陷，严重者危及邻近建筑物的安全。遇有此种情况时，应采用井点降水的人工降水方法施工。常用的井点降水方法有轻型井点 (包括单级轻型井点与多级轻型井点)、喷射井点、电渗井点、管井井点、深井井点，还有水平辐射井点和渗井点。

1. 轻型井点降水

轻型井点降水 (一级轻型井点) 是国内应用很广的降水方法，它比其他井点系统施工简单、安全、经济，特别适用于基坑面积不大，降低水位不深的场合。该方法降低水位深度一般在 3 ~ 6m 之间，若要求降水深度大于 6m，可以采用多级井点系统，但要求基坑四周外需要足够的空间，以便于放坡或挖槽，这对于场地受限的基坑支护工程一般是不允许的，故常用的是一级轻型井点系统。轻型井点适用的土层渗透系数为 0.1 ~ 50m/d，当土层渗透系数偏小时，需要采用在井点管顶部用黏土封填和保证井点系统各连接部位的气密性等措施，以提高整个井点系统的真空度，才能达到良好的效果。

轻型井点降低地下水位，是沿基坑周围以一定的间距埋入井管 (下端为滤管)，在地面上用水平铺设的集水总管将各井管连接起来，再于一定位置设置真空泵和离心泵，开动真空泵和离心泵后，地下水在真空吸力作用下，经滤管进入井管，然后经集水总管排出，这样就降低了地下水位。轻型井点设备主要包括：井管 (下端为滤管)、集水总管、水泵和动力装置等。

(1) 降水的作用。

① 防止涌水。就是防止地下水涌入正在施工的基坑内。

② 稳定边坡防止塌方。就是防止边坡由于地下水的渗流而引起的塌方。

③ 防止管涌。就是使坑底的土层消除了地下水位差引起的压力，因此

防止了坑底的管涌。

④ 减少横向荷载。降水后，使板桩减少了横向荷载。

⑤ 防止流沙。降低地下水位后，还能使土壤固结，增加地基土的承载能力。消除了地下水的渗流，也就防止了流沙现象。

(2) 降水方案制订的要求。

基坑工程中降水方案的选择与设计应满足下列要求。

① 基坑开挖及地下结构施工期间，地下水位保持在基底以下 0.5 ~ 1.0m。

② 深部承压水不引起坑底隆起。

③ 保证降水期间邻近建筑物及地下管线的正常使用。

④ 保证基坑边坡的稳定。

(3) 轻型井点降水施工应符合的规定。

① 井点的布置应符合设计要求。当降水宽度小于 6m，深度小于 5m 时，可采用单排井点。井点间距宜为 1 ~ 1.5m。深度大于 6m 时应采用多级井点。

② 有地下水的黄土地段，当降水深为 3 ~ 6m 时，可采用井点降水；当降水深度大于 6m 时，可采用喷射井点降水。

③ 滤水管应深入含水层，各滤水管的高程应齐平。

④ 井点系统安装完毕后，应进行抽水试验，检查有无漏气、漏水情况。

⑤ 抽水作业开始后，宜连续不间断地进行抽水，并随时观测附近区域地表是否产生沉降，必要时应采取防护措施。

(4) 轻型井点系统使用与管理。

① 井点管理。

a. 井点立管埋设完并与卧管及抽水设备接通后，必须先进行试抽水，在无漏水、漏气、淤塞等现象后，才能正常投入使用。

b. 使用射流泵时，应安装真空表，并经常观测，做好记录，以保证井点系统的真空度，一般应不低于 60kPa。当真空度不够时，应及时检查管路或井点管是否漏气、离心泵叶轮有无障碍等，并及时处理。

c. 井点应保证连续抽水，并应准备双电源。如抽不上水或水一直较浑，或出现清后又变浑等情况，应立即检查处理。如井点管淤塞过多，严重影响降水效果，应逐个用高压水反冲洗井点管或拔出重新埋设。

d. 在地下室施工完毕，通过抗浮稳定验算，符合要求并进行回填后，方可拆除井点系统，所有孔洞均须用砂或土填塞。

②控制井点降水对周边环境危害的措施。

a. 应优先采用有挡水作用的支护结构，如深层搅拌桩、钢板桩、砼灌注桩或地下连续墙等，并尽可能把降水井点立管埋设在支护墙的内侧（基坑一侧），井点立管的深度应小于支护墙的深度。

b. 合理确定井点立管的深度，控制降水曲线。当基坑附近没有建筑、管线、道路时，坑中井点水位应降至基坑底面以下 1m 为宜；当邻近有建筑、管线时，井点主管埋深可适当提高，其深度以保证基坑不出现流沙为宜。

c. 适当控制抽水量或离心泵的真空度。在开挖基坑时，井点降水用最大的抽水量或真空度运行；在垫层、桩承台、地下室底板完成后，可适当调减抽水量或调小真空度，使基坑外的降水曲面尽可能控制在较小的范围内，但要在坑内、外设置水位观测井，及时控制水位。

d. 在降水井管与建筑物、管线、路面间设置回灌井点，持续用水回灌，补充该处的地下水，使降水井点的影响半径不超过回灌井点的范围，防止回灌井点外侧建筑物地下水的流失，使地下水保持基本不变。

回灌水宜采用清水，以免阻塞井点，回灌水量和压力大小，均须通过计算，并通过对观测井的观测加以调整，既要保持起隔水屏幕的作用，又要防止回灌水外溢而影响基坑内正常作业。回灌井点的滤管部分，应从地下水位以上 0.5m 处开始直至井管底部。也可采用与降水井点管相同的构造，但须保证成孔和灌砂的质量。回灌与降水井点之间应保持一定距离，一般应不少于 6m，防止降水、回灌两井"相通"，起动和停止应同步。回灌井点的埋设深度应根据透水层深度来决定，保证基坑的施工安全和回灌效果。

e. 在降、灌水区域附近设置一定数量的沉降观测点及水位观测井，定时观测、记录，及时调整降、灌水量，以保持水幕作用。

2. 喷射井点降水

喷射井点系统能在井点底部产生 250mm 水银柱的真空度，其降低水位深度大，一般在 8～20m 范围。它适用的土层渗透系数与轻型井点一样，一般为 0.1～50m/d。但其抽水系统和喷射井管很复杂，运行故障率较高，且能量损耗很大，所需费用比其他井点法要高。

（1）喷射井点工作原理。喷射井点降水也是真空降水，是在井点管内部装设特制的喷射器,用高压水泵或空气压缩机通过井点管中的内管向喷射器输入高压水(喷水井点)或压缩空气(喷气井点)形成水汽射流,将地下水经井点外管与内管之间的缝隙抽出排走的降水。根据工作流体的不同,以负压力水作为工作流体的为喷水井点;以压缩空气作为工作流体的是喷气井点,两者的工作原理是相同的。

喷射井点系统主要是由喷射井点、高压水泵(或空气压缩机)和管路系统组成。喷射井管由内管和外管组成,在内管的下端装有喷射扬水器与滤管相连。当喷射井点工作时,由地面高压离心泵供应的高压工作水经过内外管之间的环行空间直达底端,在此处工作流体由特制内置的,两侧进水孔至喷嘴喷出,在喷嘴处由于断面突然收缩变小,使工作流体具有极高的流速(30~60m/s),在喷口附近造成负压(形成真空),将地下水经过滤管吸入,吸入的地下水在混合室与工作水混合,然后进入扩散室,水流在强大压力的作用下把地下水同工作水同扬升出地面,经排水管道系统排至集水池或水箱,一部分用低压泵排走,另一部分供高压水泵压入井管外管内作为工作水流。如此循环作业,将地下水不断从井点管中抽走,使地下水渐渐下降,达到设计要求的降水深度。喷射井点设备较简单,排水深度大,可达到8~20m,比多层轻型井点降水设备少,基坑土方开挖量少,施工快,费用低。但由于埋在地下的喷射器磨损后不容易更换,所以,降水管理难度较大。

(2)喷射井点适用范围。当基坑开挖所需降水深度超过6m时,一级的轻型井点就难以收到预期的降水效果,这时如果场地许可,可以采用二级甚至多级轻型井点以增加降水深度,达到设计要求。但是这样会增加基坑土方施工工程量、增加降水设备用量并延长工期,也扩大了井点降水的影响范围而对环境不利。为此,可考虑采用喷射井点。当基坑开挖较深、降水深度大于6m、土渗透系数0.1~200.0m/d时,降水当基坑较深而地下水位又较高时,如果采用轻型井点要采用多级井点,这样,会增加基坑挖土量、延长工期并增加设备数量,显然不经济的。因此,当降水深度超过8m时,宜采用喷射井点,降水深度可达8~20m。喷射井点用作深层降水,应用在粉土、极细砂和粉砂中较为适用。在较粗的砂粒中,由于出水量较大,循环水流就显得不经济,这时宜采用真空深井。

(3)成品保护。①井点成孔后,应立即下井点管并填入豆石滤料,以防塌孔。不能及时下井点管时，孔口应盖盖板，防止物件掉入井孔内堵孔。

②井点管埋设后，管口要用木塞堵住，以防异物掉入管内堵塞。

③井点使用应保持连续抽水，并设备用电源，以避免泥渣沉淀淤管。

④冬期施工，井点连接总管上要覆盖保温材料，或回填30cm厚以上干松土，以防冻坏管道。

(4) 施工注意事项。

①成孔时，如遇地下障碍物，可以空一井点，钻下一井点。井点管滤水管部分必须埋入含水层内。

②井点使用后，中途不得停泵，防止因停止抽水使地下水位上升，造成淹泡基坑的事故，一般应设双路供电，或备用一台发电机。

③井点使用时，正常出水规律是"先大后小，先浑后清"，如不上水，或水一直较浑，或出现清后又浑等情况，应立即检查纠正。真空度是判断井点系统是否良好的尺度，一般应不低于55.3～66.7kPa，如真空度不够，表明管道漏气，应及时修好。井点管淤塞，可通过听管内水流声，手扶管壁感到振动，夏冬季手摸管子冷热、潮干等简便方法检查。如井点管淤塞太多，严重影响降水效果，应逐个用高压水反复冲洗井点管或拔出重新埋设。

④在土方开挖后，应保持降低地下水位在基底500mm以下，以防止地下水扰动地基土体。

⑤土方挖掘运输车道不设置井点，这不影响整体降水效果。

⑥在正式开工前，由电工及时办理用电手续，保证在抽水期间不停电。抽水应连续进行，特别是开始抽水阶段，时停时抽，会导致井点管的滤网阻塞。同时由于中途长时间停止抽水，造成地下水位上升，会引起土方边坡塌方等事故。

⑦喷射井点降水应经常进行检查，其出水规律应为"先大后小，先浑后清"。若出现异常情况，应及时进行检查。

⑧在抽水过程中，应经常检查和调节离心泵的出水阀门以控制流水量，当地下水位降到所要求的水位后，要减少出水阀门的出水量，尽量使抽吸与排水保持均匀，达到细水长流。

⑨现场设专人经常观测。若抽水过程中发现真空度不足，应立即检查整个抽水系统有无漏气环节，并应及时排除。

⑩ 在抽水过程中，特别是开始抽水时，应检查有无井点管淤塞的死井，可通过管内水流声、管子表面是否潮湿等方法进行检查。如"死井"数量超过 10%，则严重影响降水效果，应及时采取措施，采用高压水反复冲洗处理。

⑪ 在打井点之前应勘测现场，采用洛阳铲凿孔，若发现场内有旧基础、隐性墓地等应及早上报。

⑫ 如黏土层较厚，沉管速度会较慢，超过常规沉管时间时，可增大水泵压力，但不要超过 1.5MPa。

⑬ 主干管流水坡度流向水泵方向。

⑭ 如在冬期施工，应做好主干管保温，防止受冻。

⑮ 基坑周围上部应挖好水沟，防止雨水流入基坑。

⑯ 井点位置应距坑边 2～2.5m，以防止井点设置影响坑边土坡的稳定性。水泵抽出的水应按施工方案设置的明沟排出，离基坑越远越好，以防止渗下回流，影响降水效果。

⑰ 如场地黏土层较厚，这将影响降水效果，因为黏土的透水性能差，上层水不易渗透下去。采取套管和水枪在井点轴线范围之外打孔，用埋设井点管相同成孔作业方法，井内填满粗砂，形成二至三排砂桩，使地层中上下水贯通。在抽水过程中，由于下部抽水，上层水由于重力作用和抽水产生的负压，上层水系很容易漏下去，将水抽走。

3. 电渗井点降水

电渗井点适用于渗透系数很小的细颗粒土，如黏土、粉土、淤泥和淤泥质黏土等。这些土的渗透系数小于 0.1m/d，用一般井点很难达到降水目的。利用电渗现象能有效地把细粒土中的水抽吸排出。它需要与轻型井点或喷射井点结合应用，其降低水位深度取决于轻型井点或喷射井点。在电渗井点降水过程中，应对电压、电流密度和耗电量等进行量测和必要的调整，并做好记录，因此比较繁琐。所谓电渗井点，一般与轻型井点或喷射井点结合使用，是利用轻型井点或喷射井点管本身作为阴极，金属棒（钢筋、钢管、铝棒等）作为阳极。通入直流电（采用直流发电机或直流电焊机）后，带有负电荷的土粒即向阳极移动（即电泳作用），而带有正电荷的水则向阴极方向集中，产生电渗现象。

在确定的条件下，带电粒子在单位电场强度作用下，单位时间内移动的距离（即迁移率）为常数，是该带电粒子的物化特征性常数。不同带电粒子因所带电荷不同，或虽所带电荷相同但荷质比不同，在同一电场中电泳，经一定时间后，由于移动距离不同而相互分离。分开的距离与外加电场的电压与电泳时间成正比。在外加直流电源的作用下，胶体微粒在分散介质里向阴极或阳极做定向移动，这种现象叫做电泳。利用电泳现象使物质分离，这种技术也叫做电泳。胶体有电泳现象，证明胶体的微粒带有电荷。各种胶体微粒的本质不同，它们吸附的离子不同，所以带有不同的电荷。

（1）电荷移动规律：利用电泳可以确定胶体微粒的电性质，向阳极移动的胶粒带负电荷，向阴极移动的胶粒带正电荷。

一般来讲，金属氢氧化物、金属氧化物等胶体微粒吸附阳离子，带正电荷，非金属氧化物、非金属硫化物等胶体微粒吸附阴离子，带负电荷。因此，在电泳实验中，氢氧化铁胶体微粒向阴极移动，三硫化二砷胶体微粒向阳极移动。利用电泳可以分离带不同电荷的溶胶。

例如，陶瓷工业中用的黏土，往往带有氧化铁，要除去氧化铁，可以把黏土和水一起搅拌成悬浮液，由于黏土粒子带负电荷，氧化铁粒子带正电荷，通电后在阳极附近会聚集出很纯净的黏土。工厂除尘也用到电泳。利用电泳还可以检出被分离物，在生化和临床诊断方面发挥重要作用。

（2）电泳种类。

① 移动界面电泳。是将被分离的离子（如阴离子）混合物置于电泳槽的一端（如负极），在电泳开始前，样品与载体电解质有清晰的界面。电泳开始后，带电粒子向另一极（正极）移动，泳动速度最快的离子走在最前面，其他离子依电极速度快慢顺序排列，形成不同的区带。只有第一个区带的界面是清晰的，达到完全分离，其中含有电泳速度最快的离子，其他大部分区带重叠。

② 区带电泳。是在一定的支持物上，或均一的载体电解质中，将样品加在中部位置，在电场作用下，样品中带正或负电荷的离子分别向负或正极以不同速度移动，分离成一个个彼此隔开的区带。区带电泳按支持物的物理性状不同，又可分为纸和其他纤维膜电泳、粉末电泳、凝胶电泳与丝线电泳。

③ 等电聚焦电泳。是将两性电解质加入盛有 pH 梯度缓冲液的电泳槽中，当其处在低于其本身等电点的环境中则带正电荷，向负极移动；若其处

在高于其本身等电点的环境中，则带负电向正极移动。当泳动到其自身特有的等电点时，其净电荷为零，泳动速度下降到零，具有不同等电点的物质最后聚焦在各自等电点位置，形成一个个清晰的区带，分辨率极高。

④等速电泳。是在样品中加有领先离子（其迁移率比所有被分离离子的大）和终末离子（其迁移率比所有被分离离子的小），样品加在领先离子和终末离子之间，在外电场作用下，各离子进行移动，经过一段时间电泳后，达到完全分离。被分离的各离子的区带按迁移率大小依序排列在领先离子与终末离子的区带之间。由于没有加入适当的支持电解质来载带电流，所得到的区带是相互连接的，且因"自身校正"效应，界面是清晰的，这是与区带电泳不同之处。

4. 管井井点降水

在地下水资源丰富的地区，如一些砂砾层地质条件下，管井井点是一种非常有效的地下水开采方式。相比于传统的轻型井点，管井井点具有更大的出水流量，每口井的出水流量可达到惊人的 $50\sim100m^3/h$，这种高出水效率可以极大地满足水源需求。除了适用于砂砾层地质，管井井点还适用于土壤渗透系数大的地层。土壤渗透系数是指水分在单位时间内通过单位面积的土壤的能力，通常用 m/d 来表示。管井井点在土壤渗透系数在 $20\sim200m/d$ 范围内的地区表现出良好的适应性。通过管井井点开展地下水开采工作，可以有效地降低地下水位深度。根据实践经验，使用管井井点后，地下水位深度可以降低约 $3\sim5m$，这对于地下水开采来说是一个相当可观的数值。

管井井点的应用领域广泛，适用于多种地下水开采场合。比如，农田灌溉、城市供水、工业生产等领域都可以利用管井井点进行地下水资源的开发利用。而且，管井井点还具备较高的经济效益和社会效益。高出水流量使得管井井点成为一种高效的地下水开采方式，能够满足大量用水的需求，提升供水能力，同时也减少了传统井点开采所需的时间和成本。

5. 深井井点降水

在基坑支护工程中，深井井点是一种非常常用的降水方法。与轻型井点和喷射井点等方法相比，深井井点在处理砂砾层等水渗透系数较大且透水层厚度较大的场合更为有效。它具有排水量大、降水深度大以及降水范围广的优点。深井井点适用于土层渗透系数在 10-250m/d 之间的情况，能够使水位下降的深度达到15m以上，常常用于降低承压水的水位。它可以布置在基坑周围，也可以在基坑内部进行布置，根据具体情况进行选择。有时，将深井井点与其他井点系统组合应用可以取得更好的降低水位的效果。

深井井点的施工过程相对较为复杂，首先需进行钻孔，将井点钻入地下。然后，在钻孔中安装过滤管，确保井点能够在长期使用中持续排水。同时，还需安装围护管，以增强井点的稳定性。最后，通过井筒内的泵站，将地下水抽离至地表，实现降水的目的。深井井点在工程实践中证明是一种可靠有效的降水方式，尤其适用于处理渗透系数较大的土层和较深的地下水位。它的应用不仅能够确保基坑工程的安全进行，还能减少施工对环境的影响。因此，在基坑支护中，深井井点技术具有重要的地位和作用。

### 三、降水施工的准备工作

本着"七分准备三分施工"的原则，降水施工必须做好充分的准备工作。包括技术准备、设备与材料准备和施工现场准备。

### (一) 技术准备

降水施工准备的核心工作是技术准备工作，是降水成败的关键。

1. 水文地质调查

主要方法是详细查阅工程地质勘察报告，了解工程地质情况。通过水文地质调查，确定采用哪种降水方式。

（1）根据地下水位的高度，确定是否采用降水方案以及采用哪种降水方案。

（2）根据土的渗透系数确定选用何种井点（如轻型井点、管井井点等）。

（3）根据涌水量的多少确定井点间距并选择降水设备。

2. 分析降水过程中可能出现的技术问题及采取的措施

降水过程中避免不了要出现这样那样的问题，这是正常的。但是尽可能进行预控。如轻型井点降水过程中的出水量问题、死井问题；喷射井点降水过程中的喷射泵磨损处理问题等。

3. 制订降水方案

必须制订严密的降水方案才能确保降水质量，才能确保降水顺利实施。

4. 成孔设备与抽水设备检查

成孔设备与抽水设备必须处于完好状态才能确保降水施工的顺利进行，因此必须对成孔设备与抽水设备进行检查。

### （二）设备与材料准备

井点设备主要包括井点管（下端为滤管）、集水总管和抽水设备等。每套抽水设备有真空泵一台、离心泵一台、水气分离器一台，每套井点降水设备带 30~40 根井点降水管。

1. 井点降水一般设备

（1）井点管。$\phi 38 \sim \phi 55$，壁厚为 3.0mm，长 6.0m 无缝钢管或镀锌管。管下端配 2.0m 滤管。

（2）井点滤管。滤管采用与井点管同直径钢管，通常用 $\phi 38 \sim \phi 55$，壁厚为 3.0mm 的无缝钢管或镀锌管。井点管和滤管之间连接钢制管箍。滤管钻梅花孔，直径 5mm，距 15mm，外包尼龙网（100 目）五层，钢丝网二层，外缠 20 号镀锌铁丝，间距 10mm。长 2.0m 左右，滤管一端用厚为 4.0mm 的钢板焊死，另一端与井点管进行连接。

（3）连接管。井点管与集水总管连接用耐压胶管、透明管或胶皮管，与井点管和总管连接，采用 8 号铅丝绑扎，应扎紧以防漏气。

（4）井点总管。集水总管为内 100~127mm 的无缝钢管，每节长 4m，其间用橡皮套管连接，并用钢箍接紧，以防漏水，总管上装有与井点管连接的短接头，间距 0.8~1.2m。$\phi 75 \sim \phi 102$ 钢管，壁厚为 4.0mm，用法兰盘加橡胶垫圈连接，防止漏气、漏水。

（5）抽水设备。根据设计配备离心泵、真空泵或射流泵，以及机组配件和水箱。

（6）移动机具。自制移动式井架（采用旧设备振冲机架）、牵引力为 6t 的绞车。

（7）凿孔冲击管。$\phi 219 \times 8$ 的钢管，其长度为 10m。

（8）水枪。$\phi 50 \times 5$ 无缝钢管，下端焊接一个 $\phi 16$ 的枪头喷嘴，上端弯成大约直角，且伸出冲击管外，与高压胶管连接。

（9）蛇形高压胶管。压力应达到 1.50MPa 以上。

（10）高压水泵。100TSW-7 高压离心水泵，配备一个压力表，作下井管之用。

2. 材料

粗砂与豆石，不得采用中砂，严禁使用细砂，以防堵塞滤管网眼。

### （三）现场准备

1. 测量放线

基坑土方开挖及基础施工采用人工降低地下水位施工时，往往将井点设置在开挖边线以外。这就需要确定土方开挖边线后才能确定井点管中心线。对井点管中心线和井点管位置线进行的放线工作，就是井点降水施工的测量放线。一般井点管中心线与开挖边线的距离不小于管井直径。

2. 沟槽开挖

采用轻型井点（或电渗井点）降水时，由于井点管间距比较小，井点安装时一般预先开挖沟槽。沟槽宽度与深度一般均为 500mm 左右。

3. 平整场地

井点施工一般采用水冲方法安装井点管。冲孔设备进场前应进行场地平整，以便于冲孔设备在场地内移动。

## 四、降水施工的一般方法

井点的平面布置为环状井点，井点管至坑壁不小于 1.0m，以防局部发生漏气。为了充分利用抽吸能力，总管的布置接近地下水位线，这样事先应挖槽，水泵轴心标高宜与总管平行或略低于总管，总管应具有 0.25% ~ 0.5% 坡度（坡向泵层），各段总管与滤管最好分别设在同一水平面，不宜高低悬殊。降水施工时，首先排放总管，再埋设井点管，用弯联管将井点管与总管连通，然后安装抽水设备。在这里，井点管的埋设是一项关键性工作。

井点管采用水冲法埋设，分为冲孔与埋管两个过程，冲孔时先将高压水泵利用高压胶管与孔连接，冲孔管与起重设备吊起，并插在井点的位置上，利用高压水（1.8N/mm$^2$），又经主冲孔管头部的喷水小孔，以急速的射流冲刷土壤，同时使冲孔管上下左右转动，边冲边下沉，从而逐渐在土中形成孔洞，井孔形成后，拔出冲孔管，立即插入井点管，并及时在井点管与孔壁之间填灌砂滤层，以防止孔壁塌土。

认真做好井点管的埋设和砂滤层的填灌，是保证井点顺利抽水、降低地下水的关键。同时应注意，冲孔过程中，孔洞必须保持垂直，并上下口一致。冲孔深度宜比滤管低 0.5m 左右，以防止拔出冲孔管时部分土回填而触及滤管底部。砂滤层宜选用粗砂，以免堵塞滤管网眼。并填至滤管顶上 1.0～1.5m。真空降水井在砂滤层填灌好后，距地面下 0.5～1.0m 的深度内，应用黏土封口以防漏气。

井点系统全部安装完毕后，需进行抽试，以检查有无漏气现象。井点降水使用时，一般应连续抽水。时抽时停，滤网易堵塞、出水混浊，并引起附近建筑由于土颗粒流失而沉降、开裂。同时由于中途停抽，地下水回升，也可能引起边坡塌方等事故。抽水过程中，应调节离心泵的出水阀以控制水量，使抽吸排水保持均匀，正常的出水规律是"先大后小，先混后清"。真空降水时的真空泵的真空度，是判断井点系统工作情况是否良好的标志，必须经常检查并采取措施。在抽水过程中，还应检查有无堵塞"死井"(工作正常的井管，用手探摸时，应有冬暖夏凉的感觉)，死井太多严重影响降水效果时，应逐个用高压水反复冲洗拔出重埋。

## 五、井点安装

### (一) 安装程序

井点放线定位→安装高压水泵→凿孔安装埋设井点管→布置安装总管→井点管与总管连接→安装抽水设备→试抽与检查→正式投入降水程序。

### (二) 井点管埋设

(1) 根据建设单位提供的测量控制点，测量放线确定井点位置，然后在井位先挖一个小土坑，深大约 500mm，以便于冲击孔时集水、埋管时灌砂，并用水沟将小坑与集水坑连接，以便排泄多余水。

(2) 用绞车将简易井架移到井点位置，将套管水枪对准井点位置，启动高压水泵，水压控制在 0.4～0.8MPa，在水枪高压水射流冲击下套管开始下沉，并不断地升降套管与水枪。一般含砂的黏土，按经验，套管落距在 1 000mm 之内，在射水与套管冲切作用下，大约在 10 ~ 15min 时间之内，井点管可下沉 10m 左右，若遇到较厚的纯黏土时，沉管时间要延长，此时可增加高压水泵的压力，以加快沉管的速度。冲击孔的成孔直径应达到 300 ~ 350mm，保证管壁与井点管之间有一定间隙，以便于填充砂石，冲孔深度应比滤管设计安置深度低 500mm 以上，以防止冲击套管提升拔出时部分土塌落，并使滤管底部存有足够的砂石。

凿孔冲击管上下移动时应保持垂直，这样才能使井点降水井壁保持垂直，若在凿孔时遇到较大的石块和砖块，会出现倾斜现象，此时成孔的直径也应尽量保持上下一致。井孔冲击成型后，应拔出冲击管，通过单滑轮，用绳索提起井点管插入井孔，井点管的上端应用木塞塞住，以防砂石或其他杂物进入，并在井点管与孔壁之间填灌砂石滤层。该砂石滤层的填充质量直接影响轻型井点降水的效果。

砂滤层施工时应注意以下几点。

①砂石必须采用粗砂，以防止堵塞滤管的网眼。

②滤管应放置在井孔的中间，砂石滤层的厚度应在 60 ~ 100mm 之间，以提高透水性，并防止土粒渗入滤管堵塞滤管的网眼。填砂厚度要均匀，速度要快，填砂中途不得中断，以防孔壁塌土。

③砂石滤层的填充高度，至少要超过滤管顶以上 1 000 ~ 1 800mm，一般应填至原地下水位线以上，以保证土层水流上下畅通。

④井点填砂后，井口以下 1.0 ~ 1.5m 用黏土封口压实，防止漏气而降低降水效果。

### （三）冲洗井管

将 φ15 ~ φ30mm 的胶管插入井点管底部进行注水清洗，直到流出清水为止。应逐根进行清洗，避免出现"死井"。

### （四）管路安装

首先沿井点管线外侧铺设集水毛管，并用胶垫螺栓把干管连接起来，主干管连接水箱水泵，然后拔掉井点管上端的木塞，用胶管与主管连接好，再用 10 号铅丝绑好，防止管路不严漏气而降低整个管路的真空度。主管路的流水坡度按坡向泵房 5% 的坡度并用砖将主干管垫好。并做好冬季降水防冻保温。

### (五) 检查管路

检查集水总管与井点管连接的胶管的各个接头在试抽水时是否有漏气现象，发现这种情况应重新连接或用油腻子堵塞，重新拧紧法兰盘螺栓和胶管的铅丝，直至不漏气为止。在正式运转抽水之前必须进行试抽，以检查抽水设备运转是否正常，管路是否存在漏气现象。在水泵进水管上安装一个真空表，在水泵的出水管上安装一个压力表。为了观测降水深度是否达到施工组织设计所要求的降水深度，在基坑中心设置一个观测井点，以便于通过观测井点测量水位，并描绘出降水曲线。在试抽时，应检查整个管网的真空度，应达到 550mmHg（73.33kPa），方可正式投入抽水。

## 六、抽水

轻型井点管网全部安装完毕后进行试抽。当抽水设备运转一切正常后，整个抽水管路无漏气现象，可以投入正常抽水作业。开机 7d 后将形成地下降水漏斗，并趋向稳定，土方工程可在降水 10d 后开挖。

## 七、注意事项

（1）土方挖掘运输车道不设置井点，这不影响整体降水效果。

（2）在正式开工前，由电工及时办理用电手续，保证在抽水期间不停电。抽水应连续进行，特别是开始抽水阶段，时停时抽，会导致井点管的滤网阻塞。同时由于中途长时间停止抽水，造成地下水位上升，会引起土方边坡塌方等事故。

（3）轻型井点降水应经常进行检查，其出水规律应"先大后小，先浑后清"。若出现异常情况，应及时进行检查。

（4）在抽水过程中，应经常检查和调节离心泵的出水阀门以控制流水量，当地下水位降到所要求的水位后，要减少出水阀门的出水量，尽量使抽吸与排水保持均匀，达到细水长流。

（5）真空度是轻型井点降水能否顺利进行降水的主要技术指数，现场设专人经常观测。若抽水过程中发现真空度不足，应立即检查整个抽水系统有无漏气环节，并应及时排除。

（6）在抽水过程中，特别是开始抽水时，应检查有无井点管淤塞的死井，可通过管内水流声、管子表面是否潮湿等方法进行检查。如"死井"数量超过10%，则严重影响降水效果，应及时采取措施，采用高压水反复冲洗处理。

（7）在打井点之前应勘测现场，采用洛阳铲凿孔，若发现场内有旧基础、隐性墓地等应及早上报。

（8）如黏土层较厚，沉管速度会较慢，超过常规沉管时间时，可增大水泵压力，但不要超过1.5MPa。

（9）主干管流水坡度流向水泵方向。

（10）如在冬期施工，应做好主干管保温，防止受冻。

（11）基坑周围上部应挖好水沟，防止雨水流入基坑。

（12）井点位置应距坑边2～2.5m，以防止井点设置影响坑边土坡的稳定性。水泵抽出的水应按施工方案设置的明沟排出，离基坑越远越好，以防止渗下回流，影响降水效果。

（13）如场地黏土层较厚，将影响降水效果，因为黏土的透水性能差，上层水不易渗透下去，采取套管和水枪在井点轴线范围之外打孔，用埋设井点管相同成孔作业方法，井内填满粗砂，形成二至三排砂桩，使地层中上下水贯通。在抽水过程中，由于下部抽水，上层水由于重力作用和抽水产生的负压，很容易漏下去，将水抽走。

## 八、降水施工时应考虑的因素

（1）布井时，周边多布，中间少布；在地下补给的方向多布，另一方向少布。

（2）布井时应根据地质报告使井的滤水器部分能处在较厚的砂卵层中，避免使之处于泥砂的透镜体中，从而影响井的出水能力。

（3）钻探施工达到设计深度后，根据洗井搁置时间的长短，宜多钻进2～3m，避免因洗井不及时导致泥浆沉淀过厚，增加洗井的难度。洗井不应搁置时间过长或完成钻探后集中洗井。

（4）水泵选择时应与井的出水能力相匹配，水泵小时达不到降深要求；水泵大时，抽水不能连续，一方面增加维护难度；另一方面对地层影响较大。一般可以准备大中小几种水泵，在现场实际调配。

（5）降水期间应对抽水设备和运行状况进行维护检查，每天检查不应少于3次，并应观测记录水泵出水等情况，发现问题及时处理，使抽水设备始终处在正常运行状态。同时应有一定量的备用设备，对出问题的设备能及时更换。

（6）抽水设备应进行定期保养，降水期间不得随意停抽。当发生停电时应及时更新电源保持正常降水。

（7）降水施工前，应对因降水造成的地面沉降进行估算分析，如分析出沉降过大时，应采取必要措施。

（8）降水时应对周围建筑物进行观测。首先在降水影响范围外建立水准点，降水前对建筑物进行观测，并进行记录。降水开始阶段每天观测2次，进入稳定期后，每天可以只观测1次。

# 第三章 岩土工程监测

## 第一节 岩土工程监测的信号处理

### 一、岩土工程监测技术

#### (一) 超声波监测技术

超声波液体探测技术早就得到了广泛应用，主要用于判定围岩开挖的损伤形态，与振速测量仪器大致相似。超声波工程监测就是利用超声波在液体内的传播性能，结合波速与振幅的变化来判断岩体的性质。声波在液体中传播显示的图像如果发生绕射，这就表明声波的传播路径存在裂缝，从而导致传播距离增大、波速下降。超声波监测更加简洁方便，同时能够保障测量的精准度，控制经济成本。超声波监测主要是在通过介质时，结合频率与波速振幅的变化来判断介质的性质。目前常见的超声波监测方法包括单孔测试法与双孔测试法。单孔测试法主要是在硐室巷道断面确定相应的测试点，而后利用凿岩机进行打孔，孔深可结合现场施工情况加以确定，而后将圆管状声波探头放入钻孔内，待孔内充满水后可实现与孔壁岩体的声耦合，最后进行逐点测试，直至完成测试。双孔测试法则是在硐室巷道断面打两个平行孔，将两个圆管状声波探头分别放置到两个钻孔的底部，待孔内充满水后，可实现探头与孔壁岩体的声耦合。

#### (二) 微震 / 声发射

微震 / 声发射在无损监测、油气勘探中的应用中较为常见，目前可作为岩石损伤与断裂研究的主要手段。微震主要是指在岩石材料发生变形后，所产生的伴生现象与围岩结构力学之间存在着密切关联，所以在得到的信号中可获得有关于围岩受力破坏的应用信息。一般可在采动区顶板或底板内布置检波器，可实现对微震数据的获取，通过对数据信息的处理，可获得破裂的位置，并通过三维图像的形式展现出来，从而判断出岩石结构是否发生破坏。此项技术融合了数据采集技术与计算机技术等优势，可实现远距离、动态化监测，所形成的弹性波与应力波，可在岩体中快速传播，而微震监测点关键在于判断震源位置以及震源强度。在监测过程中需要考虑未来开采活动的实际情况，同时要尽量使用现有巷道，测站硐室的选择也要尽量避开活动的影响范围，以减少施工与维修费用。

### (三) 地质雷达

地质雷达监测法能够保障监测工作的安全进行，为快速施工提供支持，同时也能够保障地质灾害预报的准确度。地质雷达监测法主要是结合地震波的反射原理，利用地震波所产生的反射波特性，测定地质条件与岩石特性。地质雷达是当下地质灾害探测中分辨率较高的一种设备，其探测距离能够满足隧道掘进的各项需求，属于先进的物探设备之一。地质雷达的主要构成包括发射电路、控制面板、接收电路等，所获得的模型信号能够以图像的形式展示出来，结合电磁波的传播特性，可实现对图像内容的解释，从而判定其最终的物理特征。在围岩裂缝中，无论是充满空气还是水，岩体的介电常数均较大，雷达所发射的电磁波经过松动圈后会产生强烈的反射，并呈现出杂乱物状的状态，通过收集可确定围岩松动的具体范围，获得松动圈的厚度值。

### (四) 土体水平位移监测

岩土工程监测技术在对土地水平位移进行监测时，需要结合施工进度与施工方案确定相应的监测计划，并明确岩土建设中的各项流程，在进行监测前也需要确定实际工作范围以及岩土工程的各项关键点。在岩土工程施工过程中，要想获得相应的性能指标，则需要进行更为深入的监测工作。一般情况下，在进行岩土工程设计时，往往采取的都是动态设计法结合施工现状，对设计结构作出调整，这就要求设计人员了解维护或支护结构的可变性。在完成精准设计后，可对土体水平位移方案进行设计，但在设计过程中可能会出现各种问题，影响监测工作质量，乃至与实际岩土工程脱节。而导致此类问题的主要原因与设计思路存在局限相关，同时也与控制施工成本存在密切关系。因此，在开展土体水平位移监测时，需要做好前期的测量与准备工作，保障测量的精准度，同时也要加大监测管理力度，保障工程方案的合理性。而在选择监测器材时也要符合相关标准，按照设计需求严格保障监测工作的规范性。

## 二、岩土工程监测技术特点

岩土工程在施工过程中，以隐性岩土问题以及动态变化性问题为主，因此落实工程监测技术对于岩土工程而言具有重要意义。也正是岩土工程中的各项变化，导致岩土监测难度增大，带来诸多安全风险，为了减少风险问题的发生，施工监测就应当结合各项问题以及监测的特点与功能，推动岩土工程建设工作的稳步进行。

### (一) 较强的针对性

岩土工程所选择的监测技术应当具有较强的针对性，同时也要对施工情况进行动态化监测，在岩土工程施工期间，要合理应用施工监测技术，加强安全管理，并在岩土工程施工中保障各项技术的合理应用。在进行工程监测时，所获得的各项数据信息是动态变化的，随着时空的稳步推进，各项数据会随之发生变化。因此，岩土工程监测要具有较强的针对性与时效性，通过对工程信息的全面整合，加强监督管理，保障相关数据的全面获取。如果在岩土施工中，未保障信息的时效性，则可能导致严重的安全隐患，引发较为恶劣的安全事故。

### (二) 较高的精准性

岩土工程监测技术需要保持精准性，同时也要控制好监测数据的误差，保障仪器的精准度，并对监测仪器进行校准，分析监测中存在的数据误差，及时找出岩土工程中存在的各项问题，从而为岩土工程建设提供更为可靠的指导，减少风险问题的发生。在岩土工程施工中，合理选择监测技术的同时，也要保证监测技术的精确度，此外，还要合理选择相关的配套设施，保障监测工作的稳步进行。

## （三）同等精度标准

岩土工程监测技术需要与监测点、监测数据拥有同等精度，在选择监测技术时，既需要与岩土工程项目相符，也要确保通过监测技术能够获取关于岩土工程项目的数值变化，而不是将绝对值作为最终的监测结果。此外，在选择监测位置时，也要与测定位置保持同等精度，在开展岩土工程监测工作时，可选择在同一位置安装同一监测设备，进行全方位监测。

## 三、岩土工程监测信息处理

明确岩土工程监测的内容之后，使用合理的信息处理技术对监测信息进行处理，才能获得正确的参数信息，才能为岩土工程提供合理的指导。

### （一）统计分析法对岩土工程监测信息进行处理

使用统计分析的方法对岩土监测信息进行处理时，需要结合自变量和因变量之间的关系，进行回归分析。在岩土工程的施工过程中，一般情况下，岩土工程的突变是由降水、开挖等外部因素和岩体结构等内部因素共同引起的，因为其中的自变量和因变量之间的关系是非线性的，所以要根据统计学的原理，使用原变量对回归方程进行表示，之后对岩土工程监测中的各种主客观原因进行综合分析，将预报误差估算出来。对于其中的时间序列线性模型的分析，可以使用的方法有三种，分别是自回归模型、混合模型和滑动平均模型。在进行岩土监测信息处理的时候，要根据实际的监测条件和监测要求来进行选择。同时，要对计算时间和模型非线性迭代进行考虑，在建立模型的过程中要对这三种模型之间的转换关系进行考虑，对误差平方的预估要使用双向预测的方法来进行，要对其中的模型参数进行预测。对模型参数进行预测的程序分析如下：点击"开始"，输入"时间序列"和"有关信息"，进行"差分"处理，"计算平均值""计算方程"，确定"参数估计"和"模型阶数"，将"预报误差值"计算出来，将"模型阶数"和"参数评估值"输出，对"误差值"进行预报，最后结束。

### (二) 信息响应面法对岩土工程监测信息进行处理

岩土工程监测的复杂性，不仅要求使用统计分析法对其监测结果进行处理，同时还要在处理的过程中使用信息响应面法等综合处理技术。使用这种处理技术能够有效解决随机变量和系统响应之间的转换问题，通过修匀函数的形式，对所有的非常规数据进行整理，使用修匀函数趋近值表示真实的响应函数。在使用信息响应面法的时候，首先，需要对计算点进行设计，在设计的时候可以使用局部加权回归散点修匀的方法，使用迭代加权的方法对监测数据进行拟合处理；其次，要对修匀函数进行估计，准确反映时间和位移的关系，以促使修匀函数拟合度的提高。

### (三) 神经网络法对岩土工程监测信息的处理

在进行岩土监测的过程中，经常受到地质条件、工程结构和工程施工条件的影响，导致监测信息呈现出多变性和随机性，使得监测系统中的非线性关系日益复杂化，在这种情况下，可以使用神经网络解决其中的非线性问题。比如，使用 BP 神经网络对数据进行处理，因为这种网络具有很多隐层，对这些隐层的处理要使用纯线性变换函数来进行。在训练的次数增加之后，其中的误差就会相应减小，但是在使用的过程中，需要克服网速慢的问题。相较于回归曲线法对监测信息的处理，神经网络法对监测信息的处理更加细致。但是在设计的应用过程中，受到相应的工程现状的限制，只能具体问题具体分析。

神经网络是由很多适应性很强的简单单元组成的，具有广泛性，通过并行互连的方式连接在一起的网络。这种网络组织能够对生物神经系统与真实世界中的物体的交互反应进行模拟。

### (四) 对监测数据的空间效应和时间效应进行修正

第一，测量误差。使用合适的监测仪器对环境、装置、方法和人员等因素的误差进行测量，在测量的时候要严格遵守相关的规范，在进行反应系统误差和传递误差计算的时候要使用综合均方差来进行。

第二，对滞后误差进行初测。初测过程要从洞内开始，以规范为基础对爆破等初读数进行读取，在施工管理水平的基础上，分析空间效应对误差的影响。

第三，以黏弹性变形与三维有限元分析为依据，在矫正误差的过程中将位移比值和荷载引入其中，将总体的位移量计算出来。

# 第二节　桩基工程监测

## 一、工程施工桩基的主要分类以及监测技术

桩基工程是一个系统工程，建筑桩基分类繁多，按承载力分为端承桩、摩擦桩和端摩桩；按成桩分为预制桩和就地灌注桩，预制桩还可以分为打入桩与静力压入桩等，灌注桩依成孔分为冲孔、钻孔、挖孔等灌注桩；按桩质分为钢桩、钢筋砼桩、砼桩、木桩、粉喷桩、石灰桩、砂桩、碎石桩等；按桩横截面的形状分为实心的圆桩、方桩、矩形桩与异状桩，空心的圆桩、方桩等。由于建筑桩基种类繁多，其监测内容主要包括以下几个方面：各类桩、墩、桩墙竖向或横向承载力监测，包括单桩及群桩承载力监测；墩底持力层承载力及变形性状的监测；各类桩、墩及桩墙结构完整性监测；桩上共同作用或复合地基中桩土荷载分担比的监测，桩体及土体应力应变的监测；施工中对环境影响（如振动、噪声、土体变形）的监测；特殊条件下或事故处理中的其他监测。

## 二、施工桩基监测的技术方法使用

### （一）桩基静载荷试验法

静载荷试验法是在桩顶部逐级施加竖向压力、竖向上拔力或水平推力，观测桩顶部随时间产生的沉降、上拔位移或水平位移，以确定相应的单桩竖向抗压承载力、单桩竖向抗拔承载力或单桩水平承载力的方法。目前，桩基静载荷试验主要采用锚桩法、堆载平台法、地锚法、锚桩和堆载联合法以及孔底预埋预压法等。

## （二）桩基动力测试法

桩基动力测试法，也称为动力试桩法，动力是相对于静力而言，桩静力试验是加荷过程相对缓慢，以致桩土产生的加速度微小，惯性效应可以忽略不计，桩土各部分随时都处于静力平衡状态。桩基动力监测法有高（大）应变法和低（小）应变法、声波透射法。

1. 高应变法

高应变法是用重锤冲击桩顶，实测桩顶部的速度和历时曲线，通过波动理论分析，对单桩竖向抗压承载力和桩身完整性进行判定的监测方法。由于高应变法来源于打桩分析法，最早是用打桩分析仪，监测打桩和分析打桩的结果。严格来说，高应变法适用于对预制打入桩进行动力监测，对摩擦桩及摩擦端承桩合适，对于端承桩不合适。对于就地灌注砼的端承桩，使用高应变法监测，若处理不当，反而会把好桩弄坏。

2. 低（小）应变法

低（小）应变法主要是采用低能量瞬态或稳态激振方式在桩顶激振，实测桩顶部的速度时程曲线或速度导纳曲线，通过波动理论分析或频域分析，对桩身完整性进行判定的监测方法。该方法监测简便，且监测速度较快，但如何获取好的波形，如何较好地分析桩身完整性，却是监测工作的关键。低（小）应变法主要用于监测桩身缺陷及其位置，判定桩身完整性类别。

3. 声波透射法

此方法在预埋声测管之间发射并接收声波，通过实测声波在混凝土介质中传播的声时、频率和波幅衰减等声学参数的相对变化，对桩身完整性进行监测。

## （三）桩基监测的其他方法

（1）钻芯法。对于大直钻孔灌注桩，由于设计荷载一般较大，用静力试桩法有许多困难，所以常用地质钻机在桩身上沿长度方向钻取芯样，通过对芯样的观察，监测确定桩的质量。此方法主要用于监测灌注桩桩长、桩身混凝土强度、桩底沉渣厚度，判断或鉴别桩端岩土性状，判定桩身完整性类别。但这种方法只能反映钻孔范围内的小部分混凝土质量，而且设备庞大、费工费时、价格昂贵，不宜作为大面积监测方法，而只能用于抽样检查，一般抽检总桩量的 5%~10%，或作为无损监测结果的校核手段。

（2）静力、动力触探法。一般用于复合地基监测。

（3）埋设应力传感器法。一般用于桩、土荷载分担比的监测。

（4）射线法。该法是以放射性同位素辐射线在混凝土中的衰减、吸收、散射等现象为基础的一种方法：当射线穿过混凝土时，因混凝土质量不同或存在不同缺陷，导致接收仪所记录的射线强弱发生变化，据此来判断桩的质量。

### 三、桩基处理的原则

#### （一）事故处理应满足的基本条件

（1）对事故处理方案要求安全可靠，经济合理，施工期短，方法可靠；

（2）对未施工部分应提出预防和改进措施，防止事故再次发生。

#### （二）处理前应具备的条件

（1）事故性质和范围清楚；

（2）目的要明确，应有预定处理方案；

（3）参加的人意见基本一致，并确定处理方案。

#### （三）事故应及时处理，防止留下隐患

（1）桩成孔后，应检查桩孔嵌入持力层深度、岩石强度、沉渣厚度。桩孔垂直度等数据必须符合设计要求，只要有一项不符合设计要求，就应及时分析解决，建设单位代表签字认可后，方能灌注砼、移动钻机，防止以后提出复查等要求而产生不必要的浪费。

（2）基桩开挖前，必须全面检查成桩记录和桩的测试资料，若发现质量上有争议问题，必须意见一致后方能挖土，防止基桩开挖后再来处理造成不必要的麻烦。还应考虑事故处理对已完工程质量和后续工程方式的影响，如在事故处理中采取补桩时，会不会损坏混凝土强度还较低的邻近桩。

# 第三节 深基坑监测

## 一、基坑

所谓基坑是指在建筑物建设之前所开挖的地下空间，用于构建建筑工程的建筑基础和地下的建筑物。根据基坑在整体工程中的重要性，基坑的周围环境，基坑的开挖深度等标准来划分基坑的等级。深基坑是指开挖深度超过十米，周围施工环境中有重要建筑物的基坑。

为防止基坑坍塌等问题的出现所造成的基坑的毁损，一般在基坑开挖后，要采取相应的支撑保护措施。常见的支撑保护措施主要有钢板桩支护、水泥墙支护、地下墙支护、土钉墙支护，等等。

## 二、岩土工程的深基坑监测

### (一) 岩土工程的深基坑监测的重要性

近年来，我国城市建设发展迅速，特别是高层建筑以及地下建筑飞速发展。但是由于我国土地资源稀缺，导致建筑物非常密集，基坑的挖掘对周围环境的影响越来越大，在很多时候，基坑的实际开挖与基坑设计存在很大程度上的差异，基坑工作越来越受大家的重视。

导致基坑实际开挖与基坑设计存在差异的主要原因有：

(1) 传统的地质勘测数据根本上很难准确分析整个地下岩土层的全部情况；

(2) 现阶段的基坑设计理论与设计依据明显不够完善；

(3) 在进行基坑施工时，基坑的支撑保护结构容易发生移动。

通过分析我们了解到，在正常情况下，岩土工程的基坑项目在设计计算时，虽然能够大体描述基坑支撑结构和岩土工程周边环境的变形规律，以及基坑大体能承受的受力范围，但为进一步提高基坑与周边环境的安全性、保证基坑工作的顺利进行，就必须加强深基坑监测。

**(二) 基坑监测的主要内容**

(1) 基坑支撑保护结构：支护结构的监测，主要是以挡土墙墙顶的位移、倾斜程度，岩土工程主要钢筋的承受能力，立柱的沉降与升起的程度为监测内容。

(2) 基坑所在位置的地下水情况：主要包括孔隙水的压力以及土体内水的水位情况等监测内容。

(3) 基坑的底部和周围的土质状况：主要有岩土的压力、土质基本情况等内容。

(4) 基坑周围建筑的变化，是否明显受到基坑的影响：一般来说，深基坑的挖掘会影响附近范围内的建筑物、地下管线等。

(5) 基坑周边的管道设施，道路情况。

(6) 其他监测对象。

**(三) 岩土工程深基坑监测的基本要求**

(1) 一般来说，岩土工程的深基坑的监测等级应该与基坑设计等级相同。当岩土工程的深基坑的监测等级与基坑设计等不一致时，必须无条件地以设计等级为准。

(2) 位移控制标准在一般情况下由设计等级确定。在做了安全性评估分析报告的条件下，通过具体分析，一方面，可以放宽或收紧位移控制标准；另一方面，也可以在基坑各边采用不同的控制标准。这种情况下，要求较为灵活，施工监测者以经验为主，加以缜密的思考分析，做出自己的判断。

(3) 基坑监测工作应由有资质的单位承接。一般来说，岩土工程的基坑监测工作要由有资质的单位承接，因为基坑监测的技术要求水准较高，一般的单位一方面缺乏经验，另一方面缺乏先进的技术与优秀的人才，势必会影响深基坑监测质量。

(4) 基坑监测工作一般由业主方委托，不能由施工单位自行监测。基坑的监测工作要由业主委托可信赖的单位或个人进行，一般来说，如果由施工单位自行监测，会因权力过于下放，导致不必要的麻烦。

(5) 当监测工作的责任落实具有较大争议时，应该协商解决，业主、设计和施工方都可以委托有资质的专业单位同时进行监测。

（6）深基坑监测的数据必须真实可靠，严禁弄虚作假，在上报时，应该保存原始数据，不能人为地对原始数据做任何改动。

（7）监测数据必须及时提交，确保数据的时效性，提高监测的精确度和准确度。一旦出现变动，应该重新进行检测，提交最新的监测数据。

（8）监测日记及施工周边环境信息收集，巡视检查。

### 三、岩土工程深基坑监测技术

#### （一）水平位移监测

水平位移监测的主要作用是可以检查深基坑支护结构的挡土墙以及拍桩变形后的形状，另外，在不同的深度设置监测位点，可以提前检查是否有土体失稳的预兆以及现象，可以了解和总结出坑边垂直剖面向上位移与基坑边的距离的变化规律。水平位移测量主要适用于测量特定方向上的水平位移距离。在测量水平位移距离时，可以采用视准线法、小角度法以及投点法等；还可以用建立极坐标法来测定监测的任意方向的水平位移与可视监测点的分布情况，当监测点与基准点无法通视或者距离位置相当远时，可以采用GPS（Global Positioning System，GPS）测量法等高科技方法。

#### （二）竖向位移监测

竖向位移监测与横向位移监测基本相同，但是监测的方法略有不同，竖向位移监测主要采用几何水准或者液体静力水准等。

#### （三）深层水平位移监测

深层水平位移监测主要是进行裂缝监测，主要对裂缝的位置、裂缝的走向、裂缝的长度、裂缝的宽度进行监测，必要时，还需要对裂缝的深度进行监测。

#### （四）倾斜监测

倾斜监测是指运用倾斜仪对基坑的支护结构沿基坑垂直方向的倾斜监

测。主要原理是在桩墙或者是地下住户结构连续墙中埋设倾斜管，倾斜管必须插入桩墙底以下的位置，而后可以使用测倾仪测量倾斜管的斜率，由此测绘得到桩身的水平位移曲线。

### (五) 支护结构内力监测

支护结构的应力监测主要是利用应力计设备，使之沿着桩身的主体钢筋、整体工程的冠梁、腰梁中断面较大的地方测量主体钢筋的应力，将得出的数据与设计数据进行有效的比较，最终判断出桩身以及冠梁处的应力与设计值是否一致。

### (六) 锚杆及土钉内力监测

锚杆在进行张拉活动时，会产生一定的预应力，但是，由于张拉的工艺以及锚杆的材料等特性因素，往往会导致锚杆的预应力遭受一定的损失。在一般情况下，为了使锚杆达到设计时的预定应力，就必须对锚杆进行超张拉，我们可以在锚杆的锚头位置安装一个小型的锚固力传感器，以便测量出在深基坑开挖过程中锚固力的变化情况，从而可以确定锚杆是否处于正常的工作状态或者锚杆的张拉是否达到了极限状态。

### (七) 土压力监测

土压力监测是指通过埋藏在土桩侧壁土体中的压力传感器进行压力测量。

### (八) 孔隙水压力监测

孔隙水压力宜通过埋设钢弦式或应变式等孔隙水压力计进行测试。孔隙水压力计必须埋藏在土中，而且在进行钻孔埋藏时，必须用中细砂进行相应的填充，而不能采用注浆封孔。

### (九) 地下水位监测

地下水位监测技术主要是用电极传感器进行深基坑的监测。地下水位的变化对深基坑支护结构的稳定性具有重要的影响，这主要是由于外界强降水导致的地下水位的上升，使支护结构产生的土压力迅速增加，导致支护结构遭到破坏。由地下水位观察结果可知，如果地下水位明显下降，则可能是因为深基坑的开挖面发生了严重的渗透或者是开挖面底部发生了严重的渗流。

# 第四节 软土基础监测

## 一、软基概念及特点

软基是软弱地基的简称，主要是指由淤泥、淤泥质土、未完成固结的冲填土、杂填土或其他高压缩性土层构成的地基，一般指由淤泥、淤泥质土形成的地基，处理软弱填土地基较少见。

由于软弱地基结构松散承载能力低、变形性大、渗透不稳定、抗滑稳定性差等特点，修建建筑物时，必须采取专门的结构形式及工程处理措施。

## 二、软基处理常用方法

软基处理常用方法有：换填垫层法、桩类加固法、堆载预压法、真空预压法及堆载 + 真空联合预压法。

## 三、软基处理监测方法及特点

软基处理监测方法主要包括：沉降观测、十字板原位剪切试验、标准贯入原位测试、平板载荷试验、土工试验指标对比、地下水位观测、孔隙水压力监测、地基土分层沉降观测、土体位移监测等。换填垫层法及桩类地基处理法地基监测以沉降观测为主，预压法地基处理法地基监测对原位测试、土工试验、孔隙水压力监测、土体位移监测等进行综合监测，下面重点介绍预压法地基处理监测方法及分析。

### (一)地表沉降观测

地表沉降观测即根据设置在处理地层中的随地基同步沉降的观测点与在观测时间内不产生沉降的控制点进行观测高程测量，并计算出沉降差。沉降观测点的位置应有代表性，一般处理域的四周角点及中心应布置观测点，如果处理面积较大，可按方格网布置，观测点的数量应能全面反映地基的变形并结合地质情况加以确定，不宜少于 6 个点。

沉降观测点一般由钢铁等不易变形的材料制成，一端埋入处理前地基一定深度，另一端露出地表，定期测量高程，前后两次高程差即前后两次测量时间内的沉降量。控制点宜设置在地基处理区域外围的坚实地基或基岩中。

沉降观测应定时测量，提供每次测量的高程、最后两次的沉降差及总的沉降量，提供沉降随时间变化曲线，当沉降速度过快时应立即上报业主或业主委托的单位（如监理单位）。

### (二) 十字板原位剪切试验

十字板原位剪切试验的目的是通过地基处理前的十字板原位剪切试验强度与地基处理后的十字板原位剪切试验强度比较，计算地基强度的增强量。十字板原位剪切试验一般 0.5 米至 1.0 米试验 1 次，地理处理中及处理后的测试点应以地基处理前测试点为圆心进行布置，且距离 2.0 米左右，测试点的数量以设计单位的要求为准。

### (三) 标准贯入试验及土工试验

在地基处理前、处理中及处理后布置一定数量的钻探孔，对地基进行取样及标准贯入试验。土工试验目的是通过地基处理前的土工试验数据与地基处理后的土工试验数据比较，计算指标的增强量，取土间距一般在 2 米左右。标贯试验间距 2 米左右，计算标贯锤击数的增量。钻孔数量可根据工程地质条件及设计要求确定，一般不少于 6 个。

### (四) 平板载荷试验

在地基处理前、处理中及处理后布置一定的平板载荷试验，对地基进行承载力试验。试验目的是通过地基处理前的地基承载力与地基处理中及后的承载力比较，计算地基承载力的增强量。平板载荷试验的数量根据工程地质条件及设计要求确定，一般不少于 3 个。

**（五）地下水位观测**

在地基处理区域内布置一定数量的地下水位观测井，定期测量地下水位高程，以了解在地基处理中及处理后地下水变化的总趋势，以此反映地基土孔隙水压力的增长与消散规律。地下水位观测井的数量根据工程地质条件及设计要求确定，一般不少于 3 个。

**（六）孔隙水压力监测**

在地基处理区域内布置一定数量的孔隙水压力监测点，定期测量孔隙水压，以了解地基孔隙水压力的增长与消散规律，以此反映软基的排水固结特性及有效应力变化规律。孔隙水压力监测点的数量根据工程地质条件及设计要求确定，一般不少于 3 个。

**（七）孔隙水压力监测**

在地基处理区域内布置一定数量的孔隙水压力监测点，定期测量孔隙水压，以了解地基孔隙水压力的增长与消散规律，以此反映软基的排水固结特性及有效应力变化规律。孔隙水压力监测点的数量根据工程地质条件及设计要求确定，一般不少于 3 个。

**（八）地基土分层沉降观测**

（1）在地基处理区域内布置一定数量的地基土分层沉降观测点，通过对分层沉降监测数据结果的分析，了解土体沉降的分布深度，以评价地基处理效果。

（2）孔隙水压力监测点的点位数量与深度应根据分层土的分布情况确定，每一土层应设一点，最浅的点位应在地基处理表面以下 50cm 处，最深的点位应设在超过地基处理理论厚度处或设在压缩性低的砾石或岩石层上。

**（九）土体水平位移监测**

在地基处理区域内布置一定数量的土体水平位移监测点，以了解土体在水平方向位移变化的规律及深度。水平土体位移监测点的数量根据工程地质条件及地基处理位置确定。

### 四、监测数据处理及指标选用

（1）对各地基处理监测方法所取得的数据进行分析统计，一般情况下取其平均值，对十字板剪切指标、抗剪强度指标取其标准值，对平板载荷试验取特征值。必须注意的是，应对设置的监测点及时进行检查，如发现移动，则数据采集终止。

（2）各种监测方法的数据应相互验证，一般情况下，得出的结论基本一致。

## 第五节　探地雷达岩土监测技术

探地雷达，又名地质雷达，它是一种高分辨率电磁方法，通过高频电磁波束反射来探测地下目标物，该方法也被称为脉冲微波法、脉冲无线电频率法等，基于地下隧道、矿业的发展，美国军方已开始探究地下雷达技术。在污染防治方面，地下雷达技术可应用于地下水域土壤中污染物的检测，该技术能够清晰地为现场提供剖面截图，并且图像的清晰度、分辨率较高。探地雷达技术是一种新型的技术方法，能为地下工程提供精确的图像与数据，具有较高的应用价值，极大地推动了矿业、考古等领域的发展。

### 一、探地雷达技术的探测原理

现阶段，我国经济发展进入中高度发展阶段，总体经济状况平稳运行。随着工程建设项目数量的增多，工程建设的质量成为人们关注的重要问题，传统的检测方法很难达到当前的施工水平，因此无损检测技术应运而生，探地雷达作为非破坏性的地球物理检测技术，受到工程技术人员的推崇，同时该技术已被广泛运用于岩土工程、地基工程、隧道工程，并已取得一定的成果。探测雷达技术采用高频电磁波技术，将天线从地面输送到地下，经目标物反射后回到地面，同时地面的另一天线负责接收信号。

脉冲波的双程方向是先通过反射脉冲测得的时间，再通过上述公式求出反应物的深度。具体而言，脉冲波的双程走时由反射脉冲相对于发射脉冲的延时而确定，依照发射高频电磁波产生反射波探测地下地质结构。而后通过发射天线电磁波以60°～90°的波束角向地下发射电磁波，电磁波在传播途中遇到电性分界面产生反射。反射波被设置在某一固定位置的接收天线（Rx）接收，与此同时接收天线还接收到沿岩层表层传播的直达波，反射波和直达波同时被接收机记录或在终端将两种显示出来。

## 二、岩石工程中探地雷达监测技术分析

施工前期，工作人员要探测工程区域内岩土物质的大体分布情况，并清楚掌握其中的物理学原理，了解其中的影响因素。在岩土工程勘测过程中，工程师应指导工程试验工作的完成。基于钻探是一项耗时性工作，且该工作的预算有着严格的要求，而运用探地雷达能精准扫描检测浅层地质分布的具体情况，从而指导工程师做好事前的勘测工作。实践证明，探地雷达与钻探参照孔的良好融合能提高数据的准确性。

采用探地雷达勘测岩土的基本步骤为：

### （一）建立目标勘测区坐标确定测线的水平位置

测线布置原则：若测线目标是一维体，假设管线方向已知，应遵循测线垂直管线长轴的原则；若管线方向未知，则需要遵循测线与管线呈方格网原则；如果测线目标是二维体，需遵循测线与二维整体走向垂直，根据二维走向的变化程度调整线距；当目的物的体积较小时，应根据先大网格后小网格的原则来确定目的物的范围。

### （二）测试方法的制定

测试方法一般可分为三种：投射法、剖面法、宽角法。

### （三）选择测量参数

探地雷达的参数并非一成不变的，需要根据实际情况选择、设置并测量参数。参数的选择对测量结果的精确度有直接影响，通常情况下，选择探地雷达的测量数据时需要考虑以下几个方面：

1. 目的体的深度与体积影响

天线中心，在场地许可且分辨率高的情况下，应选择中心频率较低的天线，否则，应选择中心频率较高的天线。

2. 时窗

时窗长度可由下面公式估算：

$$W=1.3 \times \left(2 \times h_{max}/v\right) \tag{6-1}$$

式中：$W$——时窗，单位是 ns；

$h_{max}$——最大探测深度，单位是 m/ms。

从公式中可以看出，最大探测深度和地层电磁波速度影响时窗的选择，两者呈反相关性，$v$ 越大，$W$ 越小，考虑到 $h_{max}$ 和 $v$ 的变化，一般在选择时窗时都预留 30% 以上的余量。

3. 扫描点数

探地雷达在接收到地下的反射后，由于地上另一根天线所反映出的图像是波形曲线图，为了提高数据的准确性，一般情况下，为保证将频率控制在一定范围内，需设置多个采样点。

4. 扫描速率

扫描速率指每秒的扫描次数，具体是由扫描线的密集程度呈现的，如果扫描线较为密集，可以通过提高天线移动的速度，进而扩大采集范围，为了保证采集的扫描线符合后续工作分析的要求，要确保同一探测范围内至少有 20 条扫描线。

### （四）估计与标定电磁波速

正如下面公式所示，$h$ 代表雷达探测目标的深度，$t$ 为反射时间，$v$ 为电磁波速，$t$ 与 $v$ 呈负相关，$t$ 与 $v$ 和 $h$ 呈正相关，$t$ 值主要受到探地雷达设备的影响，而 $v$ 值是影响探测精度的主要参数，可以从以下几个方面估算 $v$ 值：

$$h=t \times v \tag{6-2}$$

式中：$h$——雷达探测目标的深度，单位是 m；

$t$——反射时间，单位是 s；

$v$——电磁波速，单位是 m/s。

（1）测量对象材质的介电常数，利用公式进行估算。

（2）根据已知埋深物体的反射走时进行估算。

（3）根据地下点孤立目标产生的反射双曲线进行估算。

### (五) 利用数字化技术处理雷达图像

尽管探地雷达能够为我们呈现高清晰度的图像，但是这种图像并不能为工作人员呈现直接的结果，所以，要对采集到的雷达图形进行数字化技术的处理，其处理过程要经过预处理、偏移处理。所谓的预处理是处理数字滤波，高通、带通以及低通、中值滤波；偏移处理是在射线理论基础上的偏移归位方法。另外，特殊的数据处理方法有分析复信号、瞬时振幅、瞬时频率。

### (六) 解释雷达图像

在处理完雷达图像后，要对雷达剖面图像进行合理解读、解释，因为被测介质上电量存在差异，所以要在图中找到相对应的反射波。在追踪同一界面的发射波形时，应注意同性、振幅的变化以及相应波形的特点。水平电性分界层的反射波组，一般存在相对应的光滑平行的同向轴，这体现的就是反射波形的同向性。如果反射界面两侧介质存在差异，将会出现不同的振幅，但振幅仍然遵循一般显著性变化，例如混凝土—空气，振幅不反向；混凝土—水界面—空气，振幅反向；混凝土—钢筋—空气，振幅反向；空气—混凝土，振幅反向。波形特征分析需要根据不同的介质以及不同的结构特性来判断，同时不同的介质所表现出来的频谱特征也会存在明显的差异。

## 三、探地雷达技术的应用分析

我国在探地雷达方面已有多年的经验，并已取得众多研究成果，储备了较多经验丰富的经验型人才。

### (一) 探地雷达技术研究

从理论层面出发，目前的主要问题仍然主要聚集在信号的处理上，技术人员为了更好地区分图像以及解释地质，一般会选择比较先进的数据处理方法，例如：处理小波分析法、小波分形法。因为探地雷达接收到的信号较为繁杂，所以当脉冲电磁波直接通向地下介质时，致使地下波形波幅发生改变。脉冲余震、地表不光滑等各个方面都可能导致出现散射或者干扰剖面旁侧绕射等问题，从而使实际记录图像的分辨率较低，在信号处理过程中，要做好时间波形的处理，同时也应探讨聚焦技术。通过相应增加集中目标体，提高数值处理技术，从而增强地面反射体波形的特点。

**(二) 探地雷达探测技术的应用**

随着现代化科技的发展，我国雷达技术的发展也取得重大进步。目前我国已经拥有了多台探地雷达，在某种程度上可以覆盖全国各个部门。如学校、铁路以及国家研究院等已经运用了探地雷达技术。随着雷达探测技术研究的不断深入，探地雷达技术的应用范围将进一步扩大。

**(三) 探地雷达主要涉及的区域**

1. 建筑工程质量检测

该区域属于探地雷达运用范围最广且最有效的区域，主要将探地雷达技术运用于工程质量检测，其主要的要求是保证数据精准有效，但是由于很多探测对象较为隐蔽，常用的方法难以获得精准的数据，而探地雷达技术能较好地解决该问题。常规的解释与工程缺陷部门的介质具有明显的不同，因此，可以采用雷达探测技术发现施工过程中的质量缺陷等问题，从而保证工程建设的质量。另外，探地雷达技术还能监测土体含水量、混凝土浇筑质量，也能指导建筑物的结构、混凝土保护层厚度等方面检测工作。

2. 城市基础设施探测与检测

城市基础设施检测包括金属与非金属管线探测，城市路面坍塌检测等，因城市中存在众多干扰源，所以常用的探测防范很难检测城市基础设施状况，然而探地雷达技术在检测与探测城市基础设施上具有众多优势，它能有效屏蔽城市中存在的干扰源，高速精准的探测点在检测城市基础设施上发挥着重大作用。同时，探地雷技术在地基与桩基等基础工程检测方面取得了重大成就，当前工程技术人员更倾向于将探地雷达技术应用到地基加固层面，旨在通过精准的探测提高地基的稳定性与安全性。

3. 环境检测

近年来，随着全球对环境保护日益重视，我国也在积极倡导建设绿水青山，发展绿色环保的现代化产业，为减少工业化发展对环境的污染、提高空气质量，环境保护部门开始将探地雷达技术应用到环境检测方面，主要检测的内容包括：检测农业土壤、探测水污染的污染范围，探测地下储油罐的存放位置以及汽油、柴油的泄漏点等。探测雷达技术能有效地探测现场污染的范围与具体位置，为环保工作的开展提供了极大的便利，助力了环境保护事业的发展。

## 四、探地雷达技术存在的问题

一般情况下，探地雷达技术在探测分辨率层面超过其他物理方法，通过运用高频宽带频带短脉冲电磁波与高速采样技术，在工程探测与基础设施检测上，其精度与检测效率要大大超过其他检测方法。尽管探地雷达技术存在较多的优势，但是探地雷达技术也存在一定的缺陷，例如在实际运用中存在一定的约束性，需要工程技术做出进一步的探究与分析，如：如何提升发射功率以及发射效率，怎样加大探测深度，怎样提升雷达图像的分辨率，怎样压制探测现场的干扰信号灯，这些都是探地雷达技术在探测工作亟待解决的问题。探地雷达技术可以应用的范围与领域十分广泛，部分检测区域对于探地雷达技术的要求较高。因此，工程技术人员应不断地提升与完善探地雷达技术，提升探地雷达探测强衰减介质以及解决多区域工程实际问题的能力。

为解决探地雷达技术在应用层面上存在的弊端，有以下几个方面需要注意：首先，探地雷达技术的技术研发人员或者技术生产厂家，必须在雷达主机以及天线等层面开展有针对性的变革与设计，逐步提高探地雷达技术中电磁波的穿透力，从而满足更高要求的探测标准，同时要积极与中国电波传播研究展开合作，共同研制相控阵雷达，这也是探地雷达技术不断变革完善的开端；其次，创新数据采集技术，尤其是在采集低噪声数据或者收发机数据时，保证数据采集的清晰度与准确性，保证探测工作取得显著成果。

# 第六节　GPS 及 BDS 监测技术

## 一、GPS 检测技术

### (一) GPS 变形监测的概要

1. 有关 GPS 变形监测的模式

当变形体的变形速率缓慢时，或者在当地的空间范围和时间范围内有细微的差距出现时，我们能够使用 GPS 变形监测，监测的周期频率所需要的时间有长有短，可以是一个月也可以是很多年，它的监测对象可以是滑坡体、地震活跃区、大坝等。我们需要根据同一个测量监测点在两个或多个观测周期之间的变化大小来确定情况，或者使用 GPS 静态相对定位测量方法，将两个或两个以上的 GPS 接收器放置在观测点，同时观察一段时间。

2. GPS 变形监测数据处理

GPS 监测中所需要进行的数据处理主要是针对监测网的解算和平方差进行计算。其中瑞士伯恩大学和 GAMITGLOBK 软件开发公司开发的软件，伯恩的技术麻省理工学院计算 GPS 基准网基线，使用 IGS 精密星历。该软件的调整主要是采用动乐科研办公软件，此类软件从两个不同的方面对 GPS 进行数据处理，一是原始数据处理的 GPS 基线解算，获得同步观测；二是解决了同步的整体调整和分析，获得 GPS 网络的整体解决方案。对于监测点的计算，可以选择"直接提取变形 GPS 高精度计算软件"。

3. GPS 变形监测问题

GPS 变形监测并非完美无缺的，在许多方面也有不足，以下便是其中存在的几个问题：

(1) 因为卫星信号受到遮挡从而导致信息无法得到有效的接收，所以 GPS 变形监测的精确性和安全性不一定可靠。

(2) 当利用 GPS 点进行变形监测时，仅仅可以得到变形体的离散点数据，不能够得到其表面的全部数据。

(3) 到现在为止，GPS 的监测水准在水平方向和垂直方向上的精确度不同，二者中在水平方向上位移的精确度很高，然而它在垂直方向上位移的精度很差，所以不适合测量在水平位移和垂直位移上都有极高要求的变形体。由此可见，GPS 变形监测在不少方面有缺陷，在使用时先要以实际情况为主，再以 RS、GIS 等技术作为辅助，以此来提高监测精准度。

**（二）GPS 变形监测技术现状**

1. 在线实时分析系统

在 GPS、无线电传输及 GIS（Geographic Information System 或 Geo-Information system）、RS（Remote Sensing）等技术不断进步的情况下，针对山体滑坡和区域性地壳变形、多层建筑的监测，着手创立实时的在线动态变形监测分析系统是一个非常重要且极为明智的选择。在线动态变形监测分析系统由采集数据、有线传输、数据无线和数据分析处理等方面组成。它可以通过动态监测，借助无线电的传输技术，适时地将信息传输到终端，并且可以借助 GIS 进行数据处理，从而得到动态实时分析变形的结果，进而得出分析变形的规律、现状及其发展方向，以真实可靠的科学依据实现防灾减灾。此外，由于不少学者使用 VisualBasic6.0 可视化工具，从而实现了 GPS 与 GIS 的相互融合、优势互补，进而使得远程变形监测智能预警系统成功建立。

2. 结合小波分析 GPS 变形监测

GPS 在应用于大型建筑、水利设施形变监测时，受到外界各种噪声的影响，给测量结果带来一定的误差，使得变形监测结果存在一种多波段的混合波，严重影响了监测结果的精度。为了克服经典 Fourier 分析不能描述信号时频特征的缺陷，可利用小波变换在低频部分具有较高的频率分辨率和较低的时间分辨率、在高频部分具有较高的时间分辨率和较低的频率分辨率的特点，将其运用到 GPS 动态变形分析，实现 GPS 动态监测数据的滤波、变形特征信息的提取以及不同变形频率的分离。通过研究发现，小波分析能有效处理监测数据中存在的噪声和粗差识别问题，对于大坝后期变形特征提取效果较好，处理后的数据规律、直观，能够直接反映变形体变形趋势。

3. 建立 3S 集成变形监测系统

为了克服 GPS 变形监测中信号差和垂直位移监测精度低，噪声干扰等问题的局限性，所以，根据变形监测的特定对象，GPS 技术可以用 RS

和 GIS 技术相结合，3 秒一体化集成变形监测体系。技术如 GPS 和 INSAR（Interferometric Synthetic Aperture Radar）技术的综合建筑变形监测系统，实现全动态测量精度四维变形，已应用于变形监测的高速公路采空区。GPS 和 GLONASS 组合定位，计算双差模糊的定位，引入相对定位精度，提高定位精度的可靠性。

## 二、BDS 监测技术

传统的地表沉降监测方法通常利用全站仪、水准仪等光学仪器对沉降区进行水平和垂直方向的位移测定。这种测量方式不仅工作量大、过程复杂，而且具有一定的局限性，很难满足沉降预警管理的要求。北斗卫星导航系统（BeiDou Navigation Satellite System，BDS）具有定位快，全天候，自动化，测站之间无须通视，同时测定三维坐标，测量精度高等特点。这是普通人工借助光学仪器测量地质沉降的技术无法比拟的，高精度北斗监测地质沉降技术具有很强的先进性和实用性。

北斗地表沉降安全监测系统将 BDS 实时获取高精度空间信息和各类传感器技术进行了集成，实现了对地表沉降的实时监测、综合分析、分级预警及预测评估等功能，有利于提前发现安全隐患，为管理者的地表沉降防治工作提供了决策依据。该系统的设计与实现，不仅仅可以实现传统手段无法实现的自动实时监测，为研究和控制地面沉降提供准确、可靠的资料，更可作为北斗技术的行业示范应用，推动北斗这一项国家战略新兴产业的发展。

# 第七节　边坡工程监测

## 一、概述

### (一) 边坡工程监测的意义

从岩土力学的角度来看，边坡处治是通过某种结构人为给边坡岩土体施加一个外力作用或者通过人为改善原有边坡的环境，最终使其达到一定的力学平衡状态。但由于边坡内部岩土力学作用的复杂性，从地质勘察到处置设计均不可能完全考虑边坡内部的真实力学效应，相关的设计都是在很大程度的简化计算上进行的。为了反映边坡岩土真实力学效应、检验设计施工的可靠性和处治后的边坡的稳定状态，开展边坡工程防治监测具有极其重要的意义。

边坡处治监测的主要任务就是检验设计施工、确保安全，通过监测数据反演分析边坡的内部力学作用，同时积累丰富的资料为其他边坡设计和施工提供参考。边坡工程监测的作用在于：

（1）为边坡设计提供必要的岩土工程和水文地质等技术资料。

（2）边坡监测可获得更充分的地质资料（应用测斜仪进行监测和无线边坡监测系统监测等）和边坡发展的动态，从而圈定可疑边坡的不稳定区段。

（3）通过边坡监测，确定不稳定边坡的滑落模式，确定不稳定边坡滑移方向和速度，掌握边坡发展变化规律，为采取必要的防护措施提供重要的依据。

（4）通过对边坡加固工程的监测，评价治理措施的质量和效果。

（5）为边坡的稳定性分析提供重要依据。

边坡工程监测是边坡研究工作的一项重要内容，随着科学技术的发展，各种先进的监测仪器设备、监测方法和监测手段的不断更新，边坡监测工作的水平正在不断地提高。

**（二）边坡工程监测的内容与方法**

边坡处治监测包括施工安全监测、处置效果监测和动态长期监测。一般以施工安全监测和处治效果监测为主。

施工安全监测是在施工期对边坡的位移、应力、地下水等进行监测，监测结果作为指导施工、反馈设计的重要依据，是实施信息化施工的重要内容。施工安全监测将对边坡体进行实时监控，以了解由于工程扰动等因素对边坡体的影响，及时地指导工程实施、调整工程部署、安排施工进度等。在进行施工安全监测时，测点布置在边坡体稳定性差，或工程扰动大的部位，力求形成完整的剖面，采用多种手段互相验证和补充。边坡施工安全监测包括地面变形监测、地表裂缝监测、滑动深部位移监测、地下水位监测、孔隙水压力监测、地应力监测等内容。施工安全监测的数据采集原则上采用24h

自动实时观测方式进行，以使监测信息能及时地反映边坡体变形破坏特征，供有关方面作出决断。如果边坡稳定性好、工程扰动小，可采用 8～24h 观测一次的方式进行。

边坡处治效果监测是检验边坡处治设计和施工效果、判断边坡处治后的稳定性的重要手段。一方面可以了解边坡体变形破坏特征，另一方面可以针对实施的工程进行监测，例如，监测预应力锚索应力值的变化、抗滑桩的变形和土压力、排水系统的过流能力等，以直接了解工程实施效果。通常结合施工安全和长期监测进行，以了解工程实施后，边坡体的变化特征，为工程的竣工验收提供科学依据。边坡处治效果监测时间长度一般要求不少于一年，数据采集时间间隔一般为 7～10 天，在外界扰动较大时，如暴雨期间，可加密观测次数。

边坡长期监测将在防治工程竣工后，对边坡体进行动态跟踪，了解边坡体稳定性变化特征。长期监测主要对一类边坡防治工程进行。边坡长期监测一般沿边坡主剖面进行，监测点的布置少于施工安全监测和防治效果监测；监测内容主要包括滑带深部位移监测、地下水位监测和地面变形监测。数据采集时间间隔一般为 10～15 天。

边坡监测的具体内容应根据边坡的等级、地质及支护结构的特点进行考虑。通常对于一类边坡防治工程，应建立地表和深部相结合的综合立体监测网，并与长期监测相结合；对于二类边坡防治工程；应在施工期间建立安全监测和防治效果监测点，同时建立以群测为主的长期监测点；对于三类边坡防治工程，应建立以群测为主的简易长期监测点。

边坡监测方法一般包括：地表大地变形监测、地表裂缝位错监测、地面倾斜监测、裂缝多点位移监测、边坡深部位移监测、地下水监测、孔隙水压力监测、边坡地应力监测等。

**（三）边坡工程监测计划与实施**

1.边坡处治监测计划

边坡处治监测计划应综合施工、地质、测试等方面的要求，由设计人员完成。量测计划应根据边坡地质地形条件、支护结构类型和参数、施工方法和其他有关条件制定。监测计划一般应包括下列内容：

（1）监测项目、方法及测点或测网的选定，测点位置、量测频率，量测仪器和元件的选定及其精度和率定方法，测点埋设时间等。

（2）量测数据的记录格式，表达量测结果的格式，量测精度确认的方法。

（3）量测数据的处理方法。

（4）量测数据的大致范围，作为异常判断的依据。

（5）以初期量测值预测最终量测值的方法，综合判断边坡稳定的依据。

（6）量测管理方法及异常情况对策。

（7）利用反馈信息修正设计的方法。

（8）传感器埋设设计。

（9）固定元件的结构设计和测试元件的附件设计。

（10）测网布置图和文字说明。

（11）监测设计说明书。

2. 计划实施

计划实施须解决如下三个关键问题：

（1）获得满足精度要求和可信赖的监测信息。

（2）正确进行边坡稳定性预测。

（3）建立管理体制和相应管理基准，进行日常量测管理。

**（四）边坡工程监测的基本要求**

边坡监测方法的确定、仪器的选择既要考虑到能反映边坡体的变形动态，又必须考虑到仪器维护方便和节省投资。由于边坡所处的环境较为恶劣，选用仪器应遵循以下原则：

（1）仪器的可靠性和长期稳定性好；

（2）仪器有能与边坡体变形相适应的足够的量测精度；

（3）仪器对施工安全监测和防治效果监测精度和灵敏度较高；

（4）仪器在长期监测中具有防风、防雨、防潮、防震、防雷等与环境相适应的性能；

（5）边坡监测系统包括仪器埋设、数据采集、存储和传输、数据处理、预测预报等；

（6）所采用的监测仪器必须经过国家有关计量部门标定，并具有相应的

质检报告;

（7）边坡监测应采用先进的方法和技术，同时应与群测群防相结合；

（8）监测数据的采集尽可能采用自动化方式，数据处理须在计算机上进行，包括建立监测数据库、数据和图形处理系统、趋势预报模型、险情预警系统等；

（9）监测设计须提供边坡体险情预警标准，并在施工过程中逐步加以完善。监测方须半月或一月一次定期向建设单位、监理方、设计方和施工方提交监测报告，必要时，可提交实时监测数据。

## 二、边坡的变形监测

边坡岩土体的破坏，一般不是突然发生的，破坏前总是有相当长时间的变形发展期。通过对边坡岩土体的变形量测，不但可以预测预报边坡的失稳滑动，同时还可以运用变形的动态变化规律检验边坡处置设计的准确性。边坡变形监测包括地表大地变形监测、地表裂缝位错位移监测、地面倾斜监测、裂缝多点位移监测、边坡深部位移监测等项目内容。对于实际工程，应根据边坡具体情况设计位移监测项目和测点。

### （一）地表大地变形量测

地表大地变形监测是边坡监测中常用的方法。地表位移监测则是在稳定的地段测量标准（基准点），在被测量的地段上设置若干个监测点（观测标桩）或设置有传感器的监测点，用仪器定期监测点和基准点的位移变化或用无线边坡监测系统进行监测。

地表位移监测通常应用的仪器有两类：一是大地测量（精度高的）仪器，如红外仪、经纬仪、水准仪、全站仪、GPS 等，这类仪器只能定期监测地表位移，不能连续监测地表位移变化。当地表明显出现裂隙及地表位移速度加快时，使用大地测量仪器定期测量显然无法满足工程需要，这时应采用能连续监测的设备，如全自动全天候的无线边坡监测系统等。二是专门用于边坡变形监测的设备：如裂缝计、钢带和标桩、地表位移伸长计和全自动无线边坡监测系统等。测量的内容包括边坡体水平位移、垂直位移以及变化速率。点位误差要求不超过 ±2.6 ~ 5.4mm，水准测量每公里误差

±1.0～1.5mm。对于土质边坡，精度可适当降低，但要求水准测量每公里误差不超过 ±3.0mm。边坡地表变形观测通常可以采用十字交叉网法，适用于滑体小、窄而长，滑动主轴位置明显的边坡；放射状网法适用于比较开阔、范围不大，在边坡两侧或上、下方有突出的山包能使测站通视全网的地形；任意观测网法用于地形复杂的大型边坡。

边坡表面张性裂缝的出现和发展，往往是边坡岩土体即将失稳破坏的前兆信号，因此这种裂缝一旦出现，必须对其进行监测。监测的内容包括裂缝的拉开速度和两端扩展情况，如果速度突然增大或裂缝外侧岩土体出现显著的垂直下降位移或转动，预示着边坡即将失稳破坏。

地表裂缝位错可采用伸缩仪、位错计或千分卡直接量测。测量精度0.1～1.0mm。对于规模小、性质简单的边坡，采用在裂缝两侧设桩、设固定标尺或在建筑物裂缝两侧贴片等方法，均可直接量得位移量。

对边坡位移的观测资料应及时进行整理和核对，并绘制边坡观测桩的升降高程、平面位移矢量图，作为分析的基本资料。从位移资料的分析和整理中可以判别或确定边坡体上的局部移动、滑带变形、滑动周界等，并预测边坡的稳定性。

### (二) 边坡深部位移量测

边坡深部位移监测是监测边坡体整体变形的重要方法，将指导防治工程的实施和效果检验。传统的地表测量具有范围大、精度高等优点；裂缝测量也因其直观性强、方便适用等特点而得到广泛应用，但它们都有一个无法克服的弱点，即它们不能测到边坡岩土体内部的蠕变，因而无法预知滑动控制面。而深部位移测量能弥补这一缺陷，它可以了解边坡深部，特别是滑带的位移情况。

边坡岩土体内部位移监测手段较多，目前国内使用较多的主要有钻孔引伸仪和钻孔倾斜仪两大类。钻孔引伸仪 (或钻孔多点伸长计) 是一种传统的测定岩土体沿钻孔轴向移动的装置，它适用于位移较大的滑体监测。例如武汉岩土力学所研制的 WRM—3 型多点伸长计，这种仪器性能较稳定，价格便宜，但钻孔太深时不好安装，且孔内安装较复杂；其最大的缺点就是不能准确地确定滑动面的位置。钻孔引伸仪根据埋设情况可分为埋设式和移动式两种；根据位移仪测试表的不同又可分为机械式和电阻式。埋设式多点位移计安装在钻孔内以后就不再取出，由于埋设投资大、测量的点数有限，因此又出现了移动式。

钻孔倾斜仪运用于边坡工程的时间不长，它是测量垂直钻孔内测点相对于孔底的位移（钻孔径向）。观测仪器一般稳定可靠，测量深度可达百米，且能连续测出钻孔不同深度的相对位移的大小和方向。因此，这类仪器是观测岩土体深部位移、确定潜在滑动面和研究边坡变形规律较理想的手段，目前在边坡深部位移量测中得到广泛应用。如大冶铁矿边坡、长江新滩滑坡、黄蜡石滑坡、链子崖岩体破坏等均运用了此类仪器进行岩土深层位移观测。

钻孔倾斜仪由四大部件组成：测量探头、传输电缆、读数仪及测量导管。其工作原理是：利用仪器探头内的伺服加速度测量埋设于岩土体内的导管沿孔深的斜率变化。由于它是自孔底向上逐点连续测量的，所以，任意两点之间斜率变化累积反映了这两点之间的相互水平变位。通过定期重复测量可确定岩土体变形的大小和方向。从位移—深度关系曲线随时间的变化中可以很容易地找出滑动面的位置，同时对滑移的位移大小及速率进行估计。

钻孔倾斜仪测量成功与否，很大程度上取决于导管的安装质量。导管的安装包括钻孔的形成、导管的吊装以及回填灌浆。

钻孔是实施倾斜仪测量的必要条件，钻孔质量将直接影响到安装的质量和后续测量。因此要求钻孔尽可能垂直并保持孔壁平整。如在岩土体内成孔困难时，可采用套管护孔。钻孔除应达到上述要求外，还必须穿过可能的滑动面，进入稳定的岩层内（因为钻孔内所有点的测量均是以孔底为参考点的，如果该点不是"不动点"将导致整个测量结果的较大误差），一般要求进入稳定岩体的深度不小于 5～6m。

成孔后，应立即安装测斜导管，安装前应检验钻孔是否满足预定要求，尤其是在岩土体条件较差的地方更应如此，防止钻孔内某些部位可能发生塌落或其他问题，导致测量导管无法达到预定的深度。测量导管一般是 2～3m 一根的铝管或塑料管，在安装过程中由操作人员逐根用接头管铆接并密封下放至孔底。当孔深较大时，为保证安装质量，应尽可能利用卷扬机吊装以保证导管能以匀速下放至孔底。整个操作过程比较简单，但往往会因操作人员疏忽大意而导致严重后果。

（1）一般情况下，在吊装过程中可能出现的问题有：①由于导管本身的质量或运输过程中的挤压造成导管端部变形，使得两导管在接头管内不能对接（即相邻两导管紧靠）。粗心的操作人员往往会因对接困难而放弃努力，而当一部分导管进入接头管后就实施铆接、密封。这样做对深度不大的孔后果可能不致太严重，但当孔深很大时，可能会因铆钉承受过大的导管自重而被剪断（对于完全对接的导管铆钉是不承受多大剪力的）。这样做的另一隐患就是：由于没有完全对接，在导管内壁两导管间形成的凹槽可能会在以后测量时卡住测量探头上的导轮。所以，应尽量避免这种情况发生，通常的办法是在地面逐根检查。②由于操作不细心，密封不严，致使回填灌浆时浆液渗进导管堵塞导槽甚至整个钻孔，避免出现这一情况的唯一办法是熟练、负责地进行操作。

导管全部吊装完后，钻孔与导管外壁之间的空隙必须回填灌浆，保证导管与周围岩体的变形一致。通常采用的办法是回填水泥砂浆。对于岩体完整性较好的钻孔，采用压力泵灌浆效果无疑是最佳的，但当岩体破碎、裂隙发育甚至与大裂隙或溶洞贯通时，可考虑使用无压灌浆，即利用浆液自重回填整个钻孔，但选择这种方法灌浆时应相当谨慎。首先要保证浆液流至孔底，检验浆液是否流至孔底或是否达到某个深度的办法是在这些特定位置预设一些检验装置（例如根据水位计原理设计的某些简易装置）。当实施无压灌浆浆液流失仍十分严重时，可考虑适当调整水泥稠度，甚至往孔内投放少许干砂做阻漏层直至回填灌满。

所有准备工作完成后，便可进行现场测试。由于钻孔倾斜仪资料的整理都是相对于一组初始测值来进行的，故初始值的建立相当重要。一般应在回填材料完全固结后读数，而且最好是进行多次读数以建立一组可靠的基准值。读数的方法是：对每对导槽进行正、反方向两次读数，这样的读数方法可检查每点读数的可靠性，当两次读数的绝对值相等时，应重新读数以消除可能由记录不准带来的误差。先从仪器上直接读取的是一个电压信号，然后根据系统提供的转换关系得到各点的位移。逐点累加则可得到孔口表面处相对于孔底的位移。

在分析评价倾斜仪成果时，应综合地质资料，尤其是钻孔岩芯描述资料加以分析，如果位移—深度曲线上斜率突变处恰好与地质上的构造相吻合时，可认为该处是滑坡的控制面，在分析位移随时间的变化规律时地下水位资料及降雨资料也是应加以考虑的。

（2）测量位移与实际位移之间包含一定的误差，误差的来源有两个：一是仪器本身的误差，这是用户无法消除的；二就是资料的整理方法，在整理钻孔倾斜仪资料时，人为地做了两个假定：①孔底是不动的；②导管横断面上两对导槽的方位角沿深度是不变的，即导管沿孔深没有扭转。在大多数情况下这两个条件是难以严格满足的，虽然第一个条件可能通过加大孔深来满足，但后一个条件往往难以满足，尤其是在钻孔很深时。有资料表明：对于铝管，由于厂家的生产精度和现场安装工艺等因素，导管在钻孔内的扭转可达到 $1°/3m$。也就是说，实际上是导槽沿深度构成的面并非平面而是一个空间扭曲面，因此，测量得到的每个点的位移实际上并非在同一方向上的位移。而根据假设将它们视为同一方向进行不断累加必然带来误差。消除这一误差的办法是先利用测扭仪器测量各数据点处导槽的方位角，然后将用倾斜仪得到的各点位移按此方位角向预定坐标平面投影，这样处理得到的各点位移才是该平面的真实位移。这时，孔中表面点的位移大致上反映了该点的真正位移。

**（三）边坡变形量测资料的处理与分析**

边坡变形测量数据的处理与分析，是边坡监测数据管理系统中一个重要的研究内容，可用于对边坡未来的状况进行预报、预警。边坡变形数据的处理可以分为两个阶段，一是对边坡变形监测的原始数据的处理，该项处理主要是对边坡变形测试数据进行干扰消除，以获取真实有效的边坡变形数据，这一阶段可以称作对边坡变形量测数据的预处理；二是运用边坡变形量测数据分析边坡的稳定性现状，并预测可能出现的边坡破坏，建立预测模型。

1. 边坡变形量测数据的预处理

在自然及人工边坡的监测中，各种监测手段所测出的位移历时曲线均不是标准的光滑曲线。由于受到各种随机因素的影响，例如测量误差、开挖爆破、气候变化等，绘制的曲线往往具有不同程度的波动、起伏和突变，多为振荡型曲线，使观测曲线的总体规律在一定程度上被掩盖，尤其是那些位移速率较小的变形体，所测的数据受外界影响较大，使位移历时曲线的振荡表现更为明显。因此，去掉干扰部分，增强获得的信息，使具突变效应的曲线变为等效的光滑曲线显得十分必要，它有利于判定不稳定边坡的变形阶段及进一步建立其失稳的预报模型。目前在边坡变形量测数据的预处理中较为有效的方法是采用滤波技术。

在绘制变形测点的位移历时过程曲线中，反复运用离散数据的邻点中值作平滑处理，使原来的振荡曲线变为光滑曲线，而中值平滑处理就是取两相邻离散点之中点作为新的离散数据。

平滑滤波过程是先用每次监测的原始值算出每次的绝对位移量，并作出时间—位移过程曲线，该曲线一般为振荡曲线，然后对位移数据作6次平滑处理后，可以获得有规律的光滑曲线。

2. 边坡变形状态的判定

一般而言，边坡变形典型的位移历时曲线分为三个阶段：

第一阶段为初始阶段，边坡处于减速变形状态；变形速率逐渐减小，而位移逐渐增大，其位移历时曲线由陡变缓。从曲线几何上分析，曲线的切线由小变大。

第二阶段为稳定阶段，又称为边坡等速变形阶段；变形速率趋于常值，位移历时曲线近似为一直线段。直线段切线角及速率近似恒值，表征为等速变形状态。

第三阶段为非稳定阶段，又称为加速变形阶段；变形速率逐渐增大，位移历时曲线由缓变陡，因此曲线反应为加速变形状态，同时亦可看出切线角随速率的增大而增大。

位移历时曲线切线角的增减可反映速度的变化。若切线角不断增大，说明变形速度也不断增大，即变形处于加速阶段；反之，则处于减速变形阶段；若切线角保持一常数不变，亦即变形速率保持不变，则处于等速变形状态。根据这一特点可以判定边坡的变形状态。

3. 边坡变形的预测分析

经过滤波处理的变形观测数据除可以直接用于边坡变形状态的定性判定外，更主要的是可以用于边坡变形或滑动的定量预测。定量预测需要选择恰当的分析模型。通常可以采用确定性模型和统计模型，但在边坡监测中，由于边坡滑动往往是一个极其复杂的发展演化过程，采用确定性模型进行定量分析和预报是非常困难的。因此目前常用的手段还是传统的统计分析模型。

统计模型有两种，一种是多元回归模型，另一种是近年发展起来的非线性回归模型。多元回归模型的优点是能逐步筛选回归因子，但除了时间因素外，对其他因素的分析仍然非常困难和少见。非线性回归模型在许多的情况下能较好地拟合观测数据，但使用非线性回归的关键是如何选择合适的非线性模型及参数。

在对整个边坡的各监测点进行回归分析，求出各参数后就可以根据各参数值对整个边坡状态进行综合定量分析和预测。通常情况下，非线性回归比线性回归更能直观地反映边坡的滑动规律和滑动过程，并且在绝大多数情况下，非线性回归模型更有利于对边坡滑动的整体分析和预测，这对变形观测资料的物理解释有着十分重要的理论与实际意义。

### 三、边坡应力监测

在边坡处治监测中的应力监测包括边坡内部应力监测、支护结构应力监测、锚杆（索）预应力监测。

#### （一）边坡内部应力监测

边坡内部应力监测可通过压力盒量测滑带承重阻滑受力和支挡结构（如抗滑桩等）受力，以了解边坡体传递给支挡工程的压力以及支护结构的可靠性。压力盒根据测试原理可以分为液压式和电测式两类，液压式的优点是结构简单、可靠，现场直接读数，使用比较方便；电测式的优点是测量精度高、可远距离和长期观测。目前在边坡工程中大多用电测式压力测力计。电测式压力测力计又可分为应变式、钢弦式、差动变压式、差动电阻式等。

在现场进行实测工作时，为了增大钢弦压力盒接触面，避免由于埋设接触不良而使压力盒失效或测值很小，有时采用传压囊增大其接触面。囊内传压介质一般使用机油，因其传压系数可接近1，而且油可使负荷以静水压力方式传到压力盒，也不会引起囊内锈蚀，便于密封。

压力盒的性能好坏，直接影响压力测量值的可靠性和精确度。对于具有一定灵敏度的钢弦压力盒，应保证其工作频率，特别是初始频率的稳定；压力与频率关系的重复性好；因此在使用前应对其进行各项性能试验，包括钢弦抗滑性能试验、密封防潮试验、稳定性试验、重复性试验以及压力对象、观测设计来布置压力盒。压力盒的埋设虽较简单，但由于体积变大、较重，给埋设工作带来一定的困难。埋设压力盒总的要求是接触紧密和平稳，防止滑移，不损伤压力盒及引线。

**(二) 岩石边坡地应力监测**

边坡地应力监测主要是针对大型岩石边坡工程，为了了解边坡地应力或在施工过程中地应力变化而进行的一项重要监测工作。地应力监测包括绝对应力测量和地应力变化监测。

绝对应力测量在边坡开挖前和边坡开挖中以及边坡开挖完成后各进行一次，以了解三个不同阶段的地应力场情况，一般采用深孔应力解除法。地应力变化监测即在开挖前，利用原地质勘探平洞埋设应力监测仪器，以了解整个开挖过程中地应力变化的全过程。

对于绝对应力测量，目前国内外使用的方法，均是先在钻孔、地下开挖或露头面上刻槽而引起岩体中应力的扰动，然后用各种探头量测由于应力扰动而产生的各种物理量变化的方法来实现。总体上可分为直接测量法和间接测量法两大类。直接测量法是指由测量仪器所记录的补偿应力、平衡应力或其他应力量直接决定岩体的应力，而不需要知道岩体的物理力学性质及应力应变关系，如扁千斤顶法、水压致裂法、刚性圆筒应力计以及声发射法均属于此类。间接测量法是指测试仪器不是直接记录应力或应变变化值，而是先通过记录某些与应力有关的间接物理量的变化，然后根据已知或假设的公式，计算出现场应力值，这些间接物理量可以是变形、应变、波动参数，放射性参数等，如应力解除法、局部应力解除法、应变解除法、应用地球物理方法等均属于间接测量法一类。

对于地应力变化监测，由于要在整个施工过程中实施连续量测，因此量测传感器长期埋设在量测点上。目前应力变化监测传感器主要有 Yoke 应力计、国产电容式应力计及压磁式应力计等。

### (三) 边坡锚固应力测试

在边坡应力监测中，除了对边坡内部应力、结构应力监测外，对于边坡锚固力的监测也是一项极其重要的监测内容。边坡锚杆锚索的拉力变化是边坡荷载变化的直接反映。

锚杆轴力量测的目的在于了解锚杆实际工作状态，结合位移量测，修正锚杆的设计参数。锚杆轴力量测主要使用的是量测锚杆。量测锚杆的杆体是用中空的钢材制成，其材质同锚杆一样。量测锚杆主要有机械式和电阻应变片式两类。

机械式量测锚杆是在中空的杆体内放入四根细长杆，将其头部固定在锚杆内预定的位置上。量测锚杆一般长度在 6m 以内，测点最多为 4 个，用千分表直接读数。先量出各点间的长度变化，计算出应变值，然后乘以钢材的弹性模量，便可得到各测点间的应力。通过长期监测，从而可以得到锚杆不同部位应力随时间的变化关系。

电阻应变片式量测锚杆是在中空锚杆内壁或在实际使用的锚杆上轴对称贴四块应变片，以四个应变的平均值作为量测应变值，测得的应变再乘以钢材的弹性模量，得到各点的应力值。

对预应力锚索应力监测，其目的是分析锚索的受力状态、锚固效果及预应力损失情况，因预应力的变化将受到边坡的变形和内在荷载的变化的影响，通过监控锚固体系的预应力变化可以了解被加固边坡的变形与稳定状况。通常，一个边坡工程长期监测的锚索数，不少于总数的 5%。监测设备一般采用圆环形测力计(液压式或钢弦式)或电阻应变式压力传感器。

锚索测力计的安装是在锚索施工前期工作中进行的，其安装全过程包括：测力计室内检定、现场安装、锚索张拉、孔口保护和建立观测站等。

监测结果为预应力随时间的变化关系，通过这个关系可以预测边坡的稳定性。

目前采用埋设传感器的方法进行预应力监测，一方面由于传感器价格昂贵，一般只能在锚固工程中个别点上埋设传感器，存在以点代面的缺陷；另一方面由于须满足在野外的长期使用，因此对传感器性能、稳定性以及施工时的埋设技术要求较高。如果在监测过程中传感器出现无法挽救的问题，将直接影响到对工程整体稳定性的评价。因此研究高精度、低成本、无损伤，并可进行全面监测的测试手段已成为目前预应力锚固工程中亟待解决的关键技术问题。针对上述情况，已有人提出了锚索预应力的声测技术，但该技术目前仍处于应用研究阶段。

### 四、边坡地下水监测

地下水是边坡失稳的主要诱发因素，对边坡工程而言，地下水动态监测也是一项重要的监测内容，特别是对于地下水丰富的边坡，应特别引起重视。地下水动态监测以了解地下水位为主，根据工程要求，可进行地下水孔隙水压力、扬压力、动水压力、地下水水质监测等。

#### （一）地下水位监测

我国早期用于地下水位监测的定型产品是红旗自计水位仪，它是浮标式机械仪表，因多种原因现已很少应用。近十几年来，国内不少单位研制过压力传感式水位仪，均因各自的不足或缺陷而未能在地下水监测方面得到广泛采用。目前在地下水监测工作中，几乎都是用简易水位计或万用表进行人工观测。

#### （二）孔隙水压力监测

在边坡工程中的孔隙水压力是评价和预测边坡稳定性的一个重要因素，因此需要在现场埋设仪器进行观测。目前监测孔隙水压力主要采用孔隙水压力仪，根据测试原理可分为以下四类：

（1）液压式孔隙水压力仪：土体中孔隙水压力通过透水测头作用于传压管中液体，液体即将压力变化传递到地面上的测压计，由测压计直接读出压力值。

（2）电气式孔隙水压力仪：包括电阻、电感和差动电阻式三种。孔隙水压力通过透水金属板作用于金属薄膜上，薄膜产生变形引起电阻（或电磁）的变化。查电流量与压力的关系，即可求得孔隙水压力的变化值。

（3）气压式孔隙水压力仪：孔隙水压力作用于传感器的薄膜，薄膜变形使接触钮接触而接通电路，压缩空气立即从进气口进入以增大薄膜内气压，当内气压与外部孔隙水压平衡薄膜恢复原状时，接触钮脱离、电路断开、进气停止，量测系统量出的气压值即为孔隙水压力值。

（4）钢弦式孔隙水压力仪：传感器内的薄膜承受孔降水压力产生的变形引起钢弦松紧的改变，于是产生不同的振动频率，调节接收器频率使与之和谐，查电流量与压力的频率压力线求得孔隙水压力值。

孔隙水压力的观测点的布置视边坡工程具体情况确定。一般原则是将多个仪器分别埋于不同观测点的不同深度处，形成一个观测剖面以观测孔隙水压力的空间分布。

埋设仪器可采用钻孔法或压入法，但以钻孔法为主，压入法只适用于软土层。用钻孔法时，先于孔底填少量砂，置入测头之后在其周围和上部填砂，最后用膨胀黏土球将钻孔全部严密封好。由于两种方法都不可避免地会改变土体中的应力和孔隙水压力的平衡条件，需要一定时间才能使这种改变恢复到原来状态，所以应提前埋设仪器。

# 第四章 工程地质测绘与调查

## 第一节 工程地质测绘与调查的基本要求

工程地质测绘是工程地质勘察过程中的基础工作，是勘察中最先进行的项目。其目的是为编制工程地质图而系统地获取原始资料。工程地质测绘是运用地质、工程地质理论，对与工程建设有关的各种地质现象进行观察和描述，初步查明拟建场地或各建筑地段的工程地质条件。将工程地质条件诸要素采用不同的颜色、符号，按照精度要求标绘在一定比例尺的地形图上，并结合勘探、测试和其他勘察工作的资料，编制成工程地质图。这一重要的勘察成果可对场地或各建筑地段的稳定性和适宜性做出评价。

### 一、工程地质测绘的意义和特点

工程地质测绘是运用地质、工程地质理论，对与工程建设有关的各种地质现象进行观察和描述，初步查明拟建场地或各建筑地段的工程地质条件。将工程地质条件诸要素采用不同的颜色、符号，按照精度要求标绘在一定比例尺的地形图上，并结合勘探、测试和其他勘察工作的资料，编制成工程地质图。这一重要的勘察成果可对拟建场地或各建筑地段的稳定性和适宜性做出评价。

工程地质测绘所需仪器设备简单，耗费资金较少，工作周期较短，所以岩土工程师应力图通过它获取尽可能多的地质信息，对拟建场地或各建筑地段的地面地质情况有深入的了解，并对地下地质情况有较准确的判断，为布置勘探，测试等其他勘察工作提供依据。高质量的工程地质测绘还可以节省其他勘察方法的工作量，提高勘察工作的效率。

根据研究内容的不同，工程地质测绘可分为综合性测绘和专门性测绘两种。综合性工程地质测绘是对工作区内工程地质条件的各要素进行全面研究并综合评价，为编制综合工程地质图提供资料；专门性工程地质测绘是为某一特定建筑物服务的，或者是对工程地质条件的某一要素进行专门研究以掌握其变化规律，为编制专用工程地质图或工程地质分析图提供依据。无论哪种工程地质测绘都是为建筑物的规划、设计和施工服务的，都有其特定的研究目的，因此在测绘中主要是围绕着建筑物的要求对各种地质现象进行详细的观察描述，而对那些与建筑物无关的地质因素则可以粗略一些，甚至不予注意，这是它与其他地质测绘的重要区别。例如，在沉积岩分布区应着重研究软弱岩层和次生泥化夹层的分布、层位、厚度、性状、接触关系，可溶岩类的岩溶发育特征等；在岩浆岩分布区，侵入岩的边缘接触带、平缓的原生节理、岩脉及风化壳的发育特征、喷出岩的喷发间断面、凝灰岩及其泥化情况、高强度玄武岩中的气孔等则是主要的研究内容；在变质岩分布区，其主要的研究对象则是软弱变质岩带和夹层等。

工程地质测绘对各种有关地质现象的研究除要阐明其成因和性质外，还要注意定量指标的取得。如断裂带的宽度和构造岩的性状、软弱夹层的厚度和性状、地下水位标高、裂隙发育程度、物理地质现象的规模、基岩埋藏深度等，作为分析工程地质问题的依据。对与建筑物关系密切的不良地质现象还要详细地研究其发生发展过程及其对建筑物和地质环境的影响程度。

工程地质测绘应做到：充分收集和利用已有资料，并综合分析，认真研究，对重要地质问题必须经过实地校核验证；中心突出，目的明确，针对与工程有关的地质问题进行地质测绘；保证第一手资料准确可靠，边测绘，边整理；注意点、线、面、体之间的有机联系。为了使同学们能够掌握工程地质测绘的基本程序及过程，实习拟按生产实际分为资料准备、外业测绘及资料综合整理等三个阶段进行。

工程地质测绘具有如下特点：

（1）工程地质测绘对地质现象的研究应围绕建筑物的要求而进行。对建筑物安全、经济和正常使用有影响的不良地质现象，应详细研究其分布、规模、形成机制、影响因素，定性和定量分析其对建筑物的影响（危害）程度，并预测其发展演化趋势，提出防治对策和措施。而对那些与建筑物无关的地质现象则可以粗略一些，甚至不予注意。这是工程地质测绘与一般地质测绘的重要区别。

（2）工程地质测绘要求的精度较高。对一些地质现象的观察描述，除了定性阐明其成因和性质外，还要测定必要的定量指标。例如，岩土物理力学参数，节理裂隙的产状、隙宽和密度等。所以应在测绘工作期间，配合以一定的勘探、取样和试验工作，携带简易的勘探和测试器具。

（3）为了满足工程设计和施工的要求，工程地质测绘经常采用大比例尺专门性测绘方法。各种地质现象的观测点需借助于经纬仪、水准仪等精密仪器测定其位置和高程，并标测于地形图上，以保证必要的准确度。

## 二、工程地质测绘与普通地质测绘的区别

（1）工程地质测绘应密切结合工程建筑物的要求，结合工程地质问题进行。

（2）对与工程有关的地质现象，如软弱层、风化带、断裂带的划分，节理裂隙、滑坡、崩塌等，要求精度高，涉及范围较广，研究程度深。

（3）常使用较大比例尺（1：10 000～1：2 000～1：500），对重要地质界限或现象采用仪器法定位。当然在区域性研究中也使用中、小比例尺。

（4）突出岩土类型、成因、岩土地质结构等工程地质因素的研究，对基础地质方面，尽量利用已有资料，但对重大问题应进一步深化研究。

## 三、工程地质测绘范围的确定

工程地质测绘不像一般的区域地质或区域水文地质测绘那样，严格按比例尺大小由地理坐标确定测绘范围，而是根据拟建建筑物的需要在与该项工程活动有关的范围内进行。原则上，测绘范围应包括场地及其邻近的地段。适宜的测绘范围，既能较好地查明场地的工程地质条件，又不至于浪费勘察工作量。根据实践经验，由以下三方面确定测绘范围，即拟建建筑物的类型和规模、设计阶段以及工程地质条件的复杂程度和研究程度。

建筑物的类型、规模不同，与自然地质环境相互作用的广度和强度也就不同，确定测绘范围时首先应考虑到这一点。例如，大型水利枢纽工程的兴建，由于水文和水文地质条件急剧改变，往往引起大范围自然地理和地质条件的变化，这一变化甚至会导致生态环境的破坏和影响水利工程本身的效益及稳定性。此类建筑物的测绘范围必然很大，应包括水库上、下游的一定

范围，甚至上游的分水岭地段和下游的河口地段都需要进行调查。房屋建筑和构筑物一般仅在小范围内与自然地质环境发生作用，通常不需要进行大面积工程地质测绘。

在工程处于初期设计阶段时，为了选择建筑场地一般都有若干个比较方案，它们相互之间有一定的距离。为了进行技术经济论证和方案比较，应把这些方案场地包括在同一测绘范围内，测绘范围显然是比较大的。但当建筑场地选定之后，尤其是在设计的后期阶段，各建筑物的具体位置和尺寸均已确定，就只需在建筑地段的较小范围内进行大比例尺的工程地质测绘。可见，工程地质测绘范围是随着建筑物设计阶段（即岩土工程勘察阶段）的提高而缩小的。

一般的情况是：工程地质条件越复杂，研究程度越差，工程地质测绘范围就越大。工程地质条件复杂程度包含两种情况。

一种情况是在场地内工程地质条件非常复杂。例如，构造变动强烈，有活动断裂分布；不良地质强烈发育；地质环境遭到严重破坏；地形地貌条件十分复杂。

另一种情况是场地内工程地质条件比较简单，但场地附近有危及建筑物安全的不良地质现象存在。如山区的城镇和厂矿企业往往兴建于地形比较平坦开阔的洪积扇上，对场地本身来说工程地质条件并不复杂，一旦泥石流暴发，则有可能摧毁建筑物。此时工程地质测绘范围应将泥石流形成区包括在内。又如位于河流、湖泊、水库岸边的房屋建筑，场地附近若有大型滑坡存在，当其突然失稳滑落所激起的涌浪可能会导致"灭顶之灾"。显然，地质测绘时应详细调查该滑坡的情况。这两种情况都必须适当扩大工程地质测绘的范围。在拟建场地或其邻近地段内如果已有其他地质研究成果的话，应充分运用它们，在经过分析、验证并做一些必要的专门研究后，工程地质测绘的范围和相应的工作量可酌情减小。

## 四、工程地质测绘比例尺的选择

工程地质测绘的比例尺大小主要取决于设计要求。建筑物设计的初期阶段属选址性质的，一般往往有若干个比较场地，测绘范围较大，而对工程地质条件研究的详细程度并不高，所以采用的比例尺较小。但是，随着设计工作的进展，建筑场地的选定，建筑物位置和尺寸越来越具体明确，范围也在缩小，而对工程地质条件研究的详细程度不断提高，所以采用的测绘比例尺就需逐渐加大。当进入到设计后期阶段时，为了解决与施工、使用有关的专门地质问题，所选用的测绘比例尺可以很大。在同一设计阶段内，比例尺的选择则取决于场地工程地质条件的复杂程度以及建筑物的类型、规模及其重要性。工程地质条件复杂、建筑物规模巨大而又重要者，就需采用较大的测绘比例尺。总之，各设计阶段所采用的测绘比例尺都限定于一定的范围之内。

### (一) 比例尺选定原则

(1) 应与使用部门要求提供的图件比例尺一致或相当；

(2) 与勘测设计阶段有关；

(3) 在同一设计阶段内，比例尺的选择取决于工程地质条件的复杂程度，建筑物类型、规模及重要性。在满足工程要求的前提下，尽量节省测绘工作量。

### (二) 工程地质测绘比例尺一般规定

根据国际惯例和我国各勘察部门的经验，工程地质测绘比例尺一般规定为：

(1) 可行性研究勘察阶段 1∶50 000 ~ 1∶5 000，属小、中比例尺测绘；

(2) 初步勘察阶段 1∶10 000 ~ 1∶2 000，属中、大比例尺测绘；

(3) 详细勘察阶段 1∶2 000 ~ 1∶200 或更大，属大比例尺测绘。

## 五、工程地质测绘的精度要求

工程地质测绘的精度包含两层意思，即对野外各种地质现象观察描述的详细程度，以及各种地质现象在工程地质图上表示的详细程度和准确程度。为了确保工程地质测绘的质量，这一精度要求必须与测绘比例尺相适应。"精度"指野外地质现象能够在图上表示出来的详细程度和准确度。

对野外各种地质现象观察描述的详细程度，在过去的工程地质测绘规程中是根据测绘比例尺和工程地质条件复杂程度的不同，以每平方千米测绘面积上观测点的数量和观测线的长度来控制的。现行规范对此不做硬性规定，而原则上提出观测点布置目的性要明确，密度要合理，要具有代表性。地质观测点的数量以能控制重要的地质界线并能说明工程地质条件为原则，以利于岩土工程评价。为此，要求将地质观测点布置在地质构造线、地层接触线、岩性分界线、不同地貌单元及微地貌单元的分界线、地下水露头以及各种不良地质现象分布的地段。观测点的密度应根据测绘区的地质和地貌条件、成图比例尺及工程特点等确定。地质观测点在图上的距离一般应控制在 2~5cm 之间。例如在 1∶5 000 的图上，地质观测点实际距离应控制在 100~250m 之间。此控制距离可根据测绘区内工程地质条件复杂程度的差异并结合对具体工程的影响而适当加密或放宽。在该距离内应做沿途观察，将点、线观察结合起来，以克服只孤立地做点上观察而忽视沿途观察的偏向。当测绘区的地层岩性、地质构造和地貌条件较简单时，可适当布置"岩性控制点"，以备检验。地质观测点应充分利用天然的和已有的人工露头。当露头不足时，应根据测绘区的具体情况布置一定数量的勘探工作揭露各种地质现象。尤其在进行大比例尺工程地质测绘时，所配合的勘探工作是不可少的。

## （一）详细程度

"精度"的详细程度指对地质现象反映的详细程度，比例尺越大，反映的地质现象的尺寸界限越小。一般规定，按同比例尺的原则，图上投影宽度大于 2mm 的地层或地质单元体，均应按比例尺反映出来。投影宽度小于 2mm 的重要地质单元，应使用超比例符号表示。如软弱层、标志层、断层、泉等。

## （二）准确度

"精度"的准确度指图上各种界限的准确程度，即与实际位置的允许误差。一般对地质界限要求严格，大比例尺测绘采用仪器定点。

要求将地质观测点布置在地质构造线、地层接触线、岩性分界线、不同地貌单元及微地貌单元的分界线、地下水露头以及各种不良地质现象分布的地段。观测点的密度应根据测绘区的地质和地貌条件、成图比例尺及工程特点等确定。为了更好地阐明测绘区工程地质条件和解决岩土工程实际问题，对工程有重要影响的地质单元体，如滑坡、软弱夹层、溶洞、泉、井等，必要时在图上可采用扩大比例尺表示。

为了保证测绘填图的质量，在图上所划分的各种地质单元应尽量详细。但是，由于绘图技术条件的限制，应规定单元体的最小尺寸。过去工程地质测绘规程曾将其规定为2mm，根据这一规定，在1∶5 000的图上，单元体的实际最小尺寸为10m。现行规范对此未做统一规定，以便在实际工作中因地、因工程而异。

为了保证各种地质现象在图上表示的准确程度，在任何比例尺的图上，建筑地段的各种地质界线（点）在图上的误差不得超过3mm，其他地段不应超过5mm。所以实际允许误差为上述数值乘以比例尺的分母。

地质观测点定位所采用的标测方法，对成图的质量有重要意义。根据不同比例尺的精度要求和工程地质条件复杂程度，地质观测点一般采用的定位标测方法是：小、中比例尺——目测法和半仪器法（借助于罗盘、气压计、测绳等简单的仪器设备）；大比例尺——仪器法（借助于经纬仪、水准仪等精密仪器）。但是，有特殊意义的地质观测点，如重要的地层岩性分界线、断层破碎带、软弱夹层、地下水露头以及对工程有重要影响的不良地质现象分布的地段等，在小、中比例尺测绘时也宜用仪器法定位。

为了达到上述规定的精度要求，通常野外测绘填图所用的地形图应比提交的成图比例尺大一级。例如，进行比例尺为1∶10 000的工程地质测绘时，常采用1∶5 000的地形图作野外填图底图，随后再缩编成1∶10 000的成图作为正式成果。

# 第二节 工程地质测绘方法

## 一、工程地质测绘和调查的前期准备工作

在正式开始工程地质测绘之前，还应当做好收集资料、踏勘和编制测绘纲要等准备工作，以保证测绘工作的正常有序进行。

## (一) 资料收集和研究

应收集的资料包括如下几个方面。

(1) 区域地质资料：如区域地质图、地貌图、地质构造图、地质剖面图。

(2) 遥感资料：地面摄影和航空 (卫星) 摄影相片。

(3) 气象资料：区域内各主要气象要素，如年平均气温、降水量、蒸发量等，对冻土分布地区还要了解冻结深度。

(4) 水文资料：测区内水系分布图、水位、流量等资料。

(5) 地震资料：测区及附近地区地震发生的次数、时间、震级和造成破坏的情况。

(6) 水文及工程地质资料：地下水的主要类型、赋存条件和补给条件、地下水位及变化情况、岩土透水性及水质分析资料、岩土的工程性质和特征等。

(7) 建筑经验：已有建筑物的结构、基础类型及埋深、采用的地基承载力、建筑物的变形及沉降观测资料。

## (二) 踏勘

现场踏勘是在收集研究资料的基础上进行的，目的在于了解测区的地形地貌及其他地质情况和问题，以便于合理布置观测点和观测路线，正确选择实测地质剖面位置，拟订野外工作方法。踏勘的内容和要求如下。

(1) 根据地形图，在测区范围内按固定路线进行踏勘，一般采用"之"字形曲折迂回而不重复的路线，穿越地形、地貌、地层、构造、不良地质作用有代表性的地段。

(2) 踏勘时，应选择露头良好、岩层完整有代表性的地段做出野外地质剖面，以便熟悉和掌握测区岩层的分布特征。

(3) 寻找地形控制点的位置，并抄录坐标、标高等资料。

(4) 访问和收集洪水及其淹没范围等情况。

(5) 了解测区的供应、经济、气候、住宿、交通运输等条件。

## (三) 编制测绘纲要

测绘纲要是进行测绘的依据，其内容应尽量符合实际情况，测绘纲要一般包含在勘察纲要内，在特殊情况下可单独编制。测绘纲要应包括如下几方面内容。

（1）工作任务情况（目的、要求、测绘面积、比例尺等）。

（2）测区自然地理条件（位置、交通、水文、气象、地形地貌特征等）。

（3）测区地质概况（地层、岩性、地下水、不良地质作用）。

（4）工作量、工作方法及精度要求，其中工作量包括观测点、勘探点的布置，室内及野外测试工作。

（5）人员组织及经费预算。

（6）材料、物资、器材及机具的准备和调度计划。

（7）工作计划及工作步骤。

（8）拟提供的各种成果资料、图件。

## 二、工程地质测绘和调查的方法

工程地质测绘和调查的方法与一般地质测绘相近，主要是沿一定观察路线做沿途观察和在关键地点（或露头点）上进行详细观察描述。选择的观察路线应当以最短的线路观测到最多的工程地质条件和现象为标准。在进行区域较大的中比例尺工程地质测绘时，一般穿越岩层走向或横穿地貌、自然地质现象单元来布置观测路线。大比例尺工程地质测绘路线以穿越岩层或地貌或自然地质单元走向为主布置，但须配合以部分追索界线的路线，以圈定重要单元的边界。在大比例尺详细测绘时，应追索岩层或地貌或自然地质单元走向和追索单元边界来布置路线。

在工程地质测绘和调查过程中最重要的是要把点与点、线与线之间观察到的现象联系起来，克服孤立地在各个点上观察现象，沿途不连续观察和不及时对现象进行综合分析的偏向。也要将工程地质条件与拟进行的工程活动的特点联系起来，以便能确切预测两者之间相互作用的特点。此外，还应在路线测绘过程中将实际资料、各种界线反映在外业图上，并逐日清绘在室内底图上，及时整理，及时发现问题和进行必要的补充观测。

### （一）相片成图法

利用地面摄影或航空（卫星）摄影相片，先在室内进行解释，划分地层岩性、地质构造、地貌、水系和不良地质作用等，并在相片上选择若干点和路线，然后到实地进行校对修正，绘成底图，最后转绘成图。

《岩土工程勘察规范》(GB 50021—2001)规定，利用遥感影像资料解释进行观察地质测绘时，现场检验地质观测点数宜为工程地质测绘点数的30%～50%。野外工作应包括下列工作：

（1）检查解释标准；

（2）检查解释结果；

（3）检查外推结果；

（4）对室内解释难以获得的资料进行野外补充。

**（二）实地测绘法**

常用的实地测绘方法有三种：路线法、布点法和追索法。

1. 路线法

沿着一定的路线，穿越测绘场地，把走过的路线正确地填绘在地形图上，并沿途详细观察地质情况，把各种地质界线、地貌界线、构造线、岩层产状和各种不良地质作用标绘在地形图上。路线形式有"S"形或"直线"形，路线法一般用于中、小比例尺。

路线法测绘中应注意以下问题：

（1）路线起点的位置，应选择有明显的地物的地方如村庄、桥梁或具备特殊地形，作为每条路线的起点；

（2）观察路线的方向，应大致与岩层走向、构造线方向和地面单元相垂直，这样可以用较少的工作量获得较多的成果；

（3）观察路线应选择在露头及覆盖层较薄的地方。

2. 布点法

布点法是工程地质测绘的基本方法，即根据不同的比例尺先在地形图上布置一定数量的观察点和观察线路。观察线路长度必须满足要求，路线力求避免重复，使一定的观察路线达到最广泛地观察地质现象的目的。

3. 追索法

追索法是一种辅助方法，是沿着地层走向或某一构造线方向布点追索，以便查明某些局部的复杂构造。

### 三、测绘对象的标测方法

根据不同比例尺的要求，对观察点、地质构造及各种地质界线的标测采用目测法、半仪器法和仪器法。

#### （一）目测法

目测法是根据地形、地物目估或步测距离。目测法适用于小比例尺工程地质测绘。

#### （二）半仪器法

半仪器法是用简单的仪器（如：罗盘仪、气压计等）测定方位和高程，用徒步仪或测绳量测距离。此方法适用于中比例尺工程地质测绘。

#### （三）仪器法

仪器法是采用全站仪等较精密的仪器测定观测点的位置和高程，适用于大比例尺工程地质测绘。

《岩土工程勘察规范》（GB 50021—2001）规定，地质观测点的定位应根据精度要求选用适当方法；地质构造线、地质接触线、岩性分界线、软弱夹层、地下水露头和不良地质作用等特殊地质观察点，应采用仪器定位。

### 四、工程地质测绘和调查的程序

（1）阅读已有的地质资料，明确工程地质测绘和调查中需要重点解决的问题，编制工作计划。

（2）利用已有遥感影像资料，如对卫星照片、航测照片进行解译，对区域工程地质条件做出初步的总体评价，以判明不同地貌单元各种工程地质条件的标志。

（3）现场踏勘。选定观测路线，选定测制标准剖面的位置。

（4）正式测绘开始。测绘中随时总结，整理资料，及时发现问题，及时解决，使整个工程地质测绘和调查工作目的更明确，测绘质量更高，工作效率更高。

# 第三节　工程地质测绘和调查的内容

在工程地质测绘过程中，应自始至终以查明场地及其附近地段的工程地质条件和预测建筑物与地质环境间的相互作用为目的。因此，工程地质测绘研究的主要内容是工程地质条件的诸要素。此外，还应搜集调查自然地理和已建建筑物的有关资料。下面将分别论述各项研究内容的研究意义、要求和方法。

## 一、工程地质测绘和调查的内容

### （一）地貌的研究

地貌与岩性、地质构造、第四纪地质、新构造运动、水文地质以及各种不良地质现象的关系密切。研究地貌可借以判断岩性、地质构造及新构造运动的性质和规模，查明第四纪沉积物的成因类型和结构，以及了解各种不良地质现象的分布和发展演化历史、河流发育史等。需要指出的是，由于第四纪地质与地貌的关系密切，因此在平原区、山麓地带、山间盆地以及有松散沉积物覆盖的丘陵区进行工程地质测绘时，应着重于地貌研究，并以地貌作为工程地质分区的基础。

工程地质测绘中地貌研究的内容有：

（1）地貌形态特征、分布和成因；

（2）划分地貌单元，地貌单元形成与岩性、地质构造及不良地质现象等的关系；

（3）各种地貌形态和地貌单元的发展演化历史。

上述各项研究内容大多是在小、中比例尺测绘中进行的。在大比例尺工程地质测绘中，应侧重于微地貌与工程建筑物布置以及岩土工程设计、施工的关系等方面的研究。

洪积地貌和冲积地貌这两种地貌形态与岩土工程实践关系密切，下面分别讨论一下它们的工程地质研究内容。

在山前地段和山间盆地边缘广泛分布的洪积物，对于地貌多形成洪积扇。一个大型洪积扇，面积可达几十甚至上百平方千米，自山边至平原明显划分为上部、中部和下部三个区段，每一区段的地质结构和水文地质条件不同，因此建筑适宜性和可能产生的岩土工程问题也各异。洪积扇的上部由碎石土（砾石、卵石和漂石）组成，强度高而压缩性小，是房屋建筑和构筑物的良好地基；但由于渗透性强，若建水工建筑物则会产生严重渗漏。中部以砂土为主，且夹有粉土和黏性土的透镜体，开挖基坑时需注意细砂土的渗透变形问题；该区段与下部过渡地段由于岩性变异，地下水埋深浅，往往有溢出泉和沼泽分布，形成泥炭层，强度低而压缩性大，作为一般房屋地基的条件较差。下部主要分布黏性土和粉土，且有河流相的砂土透镜体，地形平缓，地下水埋深较浅。土体若形成时代较早，则是房屋建筑较理想的地基。

平原地区的冲积地貌，应区分出河床、河漫滩、牛轭湖和阶地等各种地貌形态。不同地貌形态的冲积物分布和工程性质不同，其建筑适宜性也各异。河床相沉积物主要为沙砾土，将其作为房屋地基是良好的，但作为水工建筑物地基时将会产生渗漏和渗透变形问题。河漫滩相一般为黏性土，有时有粉土和粉、细砂夹层，土层厚度较大，也较稳定，一般适宜做各种建筑物的地基，须注意粉土和粉、细砂层的渗透变形问题。牛轭湖相是由含有大量有机质的黏性土和粉、细砂组成的，并常有泥炭层分布，土层的工程性质较差，也较复杂。对阶地的研究，应划分出阶地的级数，了解各级阶地的高程、相对高差、形态特征以及土层的物质组成、厚度和性状等，并进一步研究其建筑适宜性和可能产生的岩土工程问题。

### (二) 地层岩性的研究

地层岩性是工程地质条件最基本的要素和研究各种地质现象的基础，是工程地质测绘最主要的研究内容。工程地质测绘对地层岩性研究的内容包括：确定地层的时代和填图单位；各类岩土层的分布、岩性、岩相及成因类型；岩土层的正常层序、接触关系、厚度及其变化规律；岩土的工程性质等。

岩土是各类建筑物的地基，也可作为天然建筑材料。岩石和土是最基本的工程地质要素，是一切地质体的组成物质。它参与地质结构的组合，决定地形地貌和自然地质作用的发育特征，控制地下水的分布和矿产分布。

不同比例尺的工程地质测绘中，地层时代的确定可直接利用已有的成果。若无地层时代资料，应寻找标准化石、做孢子花粉分析或请有关单位协助解决。填图单位应按比例尺大小来确定。小比例尺工程地质测绘的填图单位与一般地质测绘是相同的。但是中、大比例尺小面积测绘时，测绘区出露的地层往往只有一个"组""段"，甚至一个"带"的地层单位，按一般地层学方法划分填图单位不能满足岩土工程评价的需要，应按岩性和工程性质的差异等做进一步划分。例如，砂岩、灰岩中的泥岩，页岩夹层，硬塑黏性土中的淤泥质土，它们的岩性和工程性质迥异，必须单独划分出来。确定填图单位时，应注意标志层的寻找。所谓"标志层"，是指岩性、岩相、层位和厚度都较稳定，且颜色、成分和结构等具有特征标志，地面露出较好的岩土层。

工程地质测绘中对各类岩土层还应着重以下内容的研究。

（1）沉积岩类：软弱岩层和次生夹泥层的分布、厚度、接触关系和性状等；泥质岩类的泥化和崩解特性；碳酸盐岩及其他可溶盐岩类的岩溶现象。

（2）岩浆岩类：侵入岩的边缘接触面，风化壳的分布、厚度及分带情况，软弱矿物富集带等；喷出岩的喷发间断面，凝灰岩分布及其泥化情况，玄武岩中的柱状节理、气孔等。

（3）变质岩类：片麻岩类的风化，其中包含软弱变质岩带或夹层以及岩脉的特性；软弱矿物及泥质片岩类、千枚岩、板岩的风化、软化和泥化情况等。

（4）第四纪土层：成因类型和沉积相，所处的地貌单元，土层间接触关系以及与下伏基岩的关系；建筑地段特殊土的分布、厚度、延续变化情况、工程特性以及与某些不良地质现象形成的关系，已有建筑物受影响情况及当地建筑经验等。建筑地段不同成因类型和沉积相土层之间的接触关系，可以利用微地貌研究以及配合简便勘探工程来确定。

在采用自然历史分析法研究的基础上，还应根据野外观察和运用现场简易测试方法所取得的物理力学性质指标，初步判定岩土层与建筑物相互作用时的性能。

**（三）地质构造的研究**

地质构造对工程建设的区域地壳稳定性、建筑场地稳定性和工程岩土体稳定性来说，都是极重要的因素，而且它又控制着地形地貌、水文地质条件和不良地质现象的发育和分布。所以地质构造常常是工程地质测绘的主要内容。

工程地质条件中，结构构造因素是控制性因素，地质结构的研究具有重要意义。工程地质测绘对地质构造研究的内容包括：

（1）岩层的产状及各种构造形式的分布、形态和规模；

（2）软弱结构面（带）的产状及其性质，包括断层的位置、类型、产状、断距、破碎带宽度及充填胶结情况；

（3）岩土层各种接触面及各类构造的工程特性；

（4）近期构造活动的形迹、特点及与地震活动的关系等。

在工程地质测绘中研究地质构造时，要运用地质历史和地质力学的原理和方法来分析，以查明各种构造结构面（带）的历史组合和力学组合规律。既要对褶曲、断裂等大的构造形迹进行研究，又要重视节理、裂隙等小构造的研究，尤其在大比例尺工程地质测绘中，小构造研究具有重要的实际意义。因为小构造直接控制着岩土体的完整性、强度和透水性，是岩土工程评价的重要依据。

在工程地质研究中，节理、裂隙泛指普遍、大量地发育于岩土体内具备各种成因的、延展性较差的结构面；其空间展布数米至二三十米，无明显宽度。构造节理、劈理，原生节理、层间错动面、卸荷裂隙、次生剪切裂隙等均属之。

对节理、裂隙应重点研究以下三个方面：①节理、裂隙的产状、延展性、穿切性和张开性；②节理、裂隙面的形态，起伏差、粗糙度、充填胶结物的成分和性质等；③节理、裂隙的密度或频度。

由于节理、裂隙研究对岩体工程尤为重要，所以在工程地质测绘中必须进行专门的测量统计，以搞清它们的展布规律和特性，尤其要深入研究建筑地段内占主导地位的节理、裂隙及其组合特点，分析它们与工程荷载的关系。国内在工程地质测绘中，节理、裂隙测量统计结果一般用图解法表示，常用的有玫瑰图、极点图和等密度图三种。近年来，基于节理、裂隙测量统计的岩体结构面网络计算机模拟，在岩体工程勘察、设计中已得到较广泛的应用。

在强震区重大工程场地可行性研究勘察阶段进行工程地质测绘时，应研究晚近期的构造活动，特别是全新世地质时期内有过活动或近期正在活动的"全新活动断裂"，应通过地形地貌、地质、历史地震和地表错动、地形变以及微震测震等标志，查明其活动性质和展布规律，并评价其对工程建设可能产生的影响。必要时，应根据工程需要和任务要求，配合地震部门进行地震地质和宏观震害调查。

### (四)不良地质作用

不良地质作用研究的目的，是为了评价建筑场地的稳定性，并预测其对各类岩土工程的不良影响。由于不良地质作用直接影响建筑物的安全、经济和正常使用，所以工程地质测绘时对测区内影响工程建设的各种不良地质作用必须详加研究。不良地质作用主要包括以下两点。

(1)调查滑坡、崩塌、岩堆、泥石流、蠕动变形、移动沙丘等不良地质作用的形成条件、规模、性质及发展状况。

(2)当岩基裸露地表或接近地表时，应调查岩石的风化程度。研究建筑区的岩体风化情况，分析岩体风化层厚度、风化物性质及风化作用与岩性、构造、气候、水文地质条件和地形地貌因素的关系。

研究不良地质现象要以地层岩性、地质构造、地貌和水文地质条件的研究为基础，并搜集气象、水文等自然地理因素资料。研究内容包括：查明各种不良地质现象(岩溶、滑坡、崩塌、泥石流、冲沟、河流冲刷、岩石风、化等)的分布、形态、规模、类型和发育程度，分析它们的形成机制和发展演化趋势，并预测其对工程建设的影响。

### (五)第四纪地质

第四纪地质调查主要包括以下内容。

(1)确定沉积物的年代。目前常用的方法有：生物地层法、岩相分析法、地貌学法和元素测定法。

(2)划分成因和类型。划分成因包括物质来源和地质作用。物质来源指的是形成岩矿物质的来源，它可以是地壳中的元素、气体、液体或其他物质。地壳中的元素可以是从地幔上升的熔融岩浆中释放出来的，也可以是通过大气、水体或生物作用将元素从地壳中溶解出来。地质作用指的是地质过程和现象，如岩浆活动、地震、火山爆发、地壳的垂直上升和水平挤压等。划分类型主要是根据地质现象的特征进行分类。常见的类型有火山地质、沉积地质、构造地质等。火山地质主要研究火山喷发、岩浆活动以及由此产生的火山岩等。沉积地质主要研究沉积作用，包括岩石碎屑沉积、生物残骸沉积和化学沉积等。构造地质研究地壳的变形和构造，包括地壳的抬升、下沉、断裂、褶皱等。

**（六）地表水和地下水**

在工程地质测绘中研究水文地质的主要目的，是为研究与地下水活动有关的岩土工程问题和不良地质现象提供资料。例如，兴建房屋建筑和构筑物时，应研究岩土的渗透性、地下水的埋深和腐蚀性，以判明其对基础砌置深度和基坑开挖等的影响。进行尾矿坝与贮灰坝勘察时，应研究坝基，库区和尾矿（灰碴）堆积体的渗透性和地下水浸润曲线，以判明坝体的渗透稳定性、坝基与库区的渗漏及其对环境的影响。在滑坡地段研究地下水的埋藏条件、出露情况、水位、形成条件以及动态变化，以判定其与滑坡形成的关系。因此水文地质条件也是一项重要的研究内容。

在工程地质测绘过程中对水文地质条件的研究，应从地层岩性、地质构造、地貌特征和地下水露头的分布、类型、水量、水质等入手，并结合必要的勘探、测试工作，查明测区内地下水的类型、分布情况和埋藏条件，含水层、透水层和隔水层（相对隔水层）的分布及各含水层的富水性和它们之间的水力联系，地下水的补给、径流、排泄条件及动态变化，地下水与地表水之间的补、排关系，地下水的物理性质和化学成分等。在此基础上分析水文地质条件对岩土工程实践的影响。

泉、井等地下水的天然和人工露头以及地表水体的调查，有利于阐明测区的水文地质条件。故应对测区内各种水点进行普查，并将它们标测于地形底图上。对其中有代表性的以及与岩土工程有密切关系的水点，还应进行详细研究，布置适当的监测工作，以掌握地下水动态和孔隙水压力变化等。泉、井调查内容参阅水文地质学教程的有关内容。

在工程地质测绘中研究的水文地质包括地下水和地表水。一般需要查明以下内容：

（1）调查河流和小溪的水位、流量、流速、洪水位标高和淹没情况；

（2）了解水井的水位、水量及其变化情况；

（3）调查泉的出露位置、类型、温度及其变化情况；

（4）查明地下水的埋藏条件、水位变化规律和变化幅度；

（5）了解地下水的流向和水力坡度、地下水的类型和补给条件；

（6）了解水的化学成分及其对各种建筑材料的腐蚀性。

## （七）已有建筑物的调查

测区内或测区附近已有建筑物与地质环境关系的调查研究，是工程地质测绘中特殊的研究内容，因为某一地质环境内已兴建的任何建筑物对拟建建筑物来说，应被看作是一项重要的原型试验，往往可以获取很多在理论和实践两方面都极有价值的资料，甚至较之于用勘探、测试手段所取得的资料更为宝贵。应选择不同的地质环境（良好的、不良的）中不同类型结构的建筑物，调查其有无变形、破坏的标志，并详细分析其原因，以判明建筑物对地质环境的适应性。通过详细的调查分析后，就可以具体地评价建筑场地的工程地质条件，对拟建建筑物可能变形、破坏的情况做出正确预测，并采取相应的防治对策和措施。特别需要强调的是，在不良地质环境或特殊性岩土的建筑场地，应充分调查、了解当地的建筑经验，包括建筑结构、基础方案、地基处理和场地整治等方面的经验。

## （八）人类活动对场地稳定性的影响

测区内或测区附近人类的某些工程-经济活动，往往影响建筑场地的稳定性。例如：人工洞穴，地下采空，大挖大填、抽（排）水和水库蓄水引起的地面沉降、地表塌陷，诱发地震，渠道渗漏引起的斜坡失稳等，都会对场地稳定性带来不利影响，对它们的调查应予以重视。此外，场地内如有古文化遗迹和古文物，应妥善保护与发掘，并向有关部门报告。

## （九）其他调查研究

（1）已有建筑物的调查研究：对已有建筑物的观察实际上相当于一次1∶1的原型试验，根据建筑物变形、开裂情况分析场地工程地质条件及验证已有评价的可靠性。

（2）天然建筑材料的调查研究：结合工程建筑的要求，就地寻找适宜的天然建材，并做出质量和储量评价。

## 二、资料整理

### （一）检查外业资料

（1）检查各种野外记录和描述的内容是否齐全。

（2）详细核对各种原始图件所划分的地层、岩性、构造、地形地貌、地质成因界限是否符合野外实际情况，在不同图件中相互间的界线是否吻合。

（3）野外所填的各种地质现象是否正确。

（4）核对收集的资料与本次测绘资料是否一致，如出现矛盾，应分析其原因。

（5）整理核对野外采集的各种标本。

### （二）编制图表

根据工程地质测绘的目的和要求，编制有关图表。工程地质测绘完成后，一般不单独给出测绘成果，往往把测绘资料依附于某一勘察阶段，使某一勘察阶段在测绘的基础上做深入工作。

工程地质测绘的图件包括实际材料图、综合工程地质图、工程地质分区图、综合地质柱状图、综合地质剖面图及各种素描图、照片、有关文字说明等。对某些专门的岩土工程问题，还可编制专门的图件。

# 第五章　地质勘探工程测量

## 第一节　勘探工程测量

### 一、勘探网的设计

#### （一）勘探线、勘探网的测设

地质勘探的方法主要有物理探矿和化学探矿两种，不管使用哪种方法，都必须先设计好勘探网、线，在勘探网的基础上进行勘探工作。勘探线、勘探网的设计通常由测量人员协助地质人员根据已有控制点、初步勘探资料，经过现场实地踏勘后，依据地形条件及矿体走向在地形图上确定。

在地质勘探过程中，各种勘探工程，如槽、井、钻孔和坑道等，一般都是沿着一定直线方向布设的，这些直线称为勘探线。勘探线又彼此交叉构成一定形状的格网，称为勘探网。

勘探网由基线与测线组成。一般情况下，如工区较小，则布设一条通过矿体走向的直线，这条直线称为基线；再以一定的间距布设垂直于基线的测线。如工区较大时，可布设几条平行于矿体走向的基线，再以一定的间距布设垂直于基线的测线，构成勘探网。基线上的点称为基点。如果基点与控制点进行联测而确定其坐标与高程的则称为控制基点。在测线上根据要求布设若干测点，测线两端应闭合在基点上。

#### （二）勘探线、勘探网的布设形式

勘探工程的布设，一般是平行于矿体走向或者垂直于矿体的走向。人们把平行于矿体走向的勘探线称为横向勘探线，垂直于矿体走向的勘探线称为纵向勘探线。纵横勘探线相互交叉构成勘探网。勘探网的形状和密度由矿体的种类及产状确定。勘探网的形状一般有正方形、矩形、菱形和平行

线形。

勘探网内勘探线的间距是根据矿床类型、勘探阶段要求探明的储量等级而定，一般为 20 ~ 1000m。为了控制勘探线和勘探网的测设精度，也须遵循先整体后局部的原则，首先在矿区中布设一基线，然后再布设其他勘探线。勘探网上点的编号以分数形式表示，分母代表线号，分子代表点号，以通过基线 P 的零点为界，西边的勘探线用奇数表示，东边的用偶数表示；以基线为界，以北的点用偶数表示，以南的用奇数表示。

**(三) 勘探线、勘探网的测设**

1. 基线的测设

在已建立测量控制网的情况下，根据地质勘探工程的设计坐标和已知测量控制点的坐标反算测设数据，直接将地质勘探工程测设到实地上。在尚未建立控制网的勘探区，若没有全站仪，应首先布置勘探基线作为布设勘探网的控制。由地质人员和测量人员实地确定基线的方向和位置，基线一般由三点组成。如图 5-1 所示，A、B、C、D 为已知控制点，M、N、P 为设计的基线上三点。首先利用控制点和 M、N、P 三点的设计坐标将 M、N、P 三点标设于实地。测设完基线，要检查三点是否在一条直线上，如果误差在允许范围内，则在基线两端点埋设标石；然后采用导线、交会等方法重新测设其坐标，求出与设计坐标的差值，若小于 1/200，取平均值作为最终结果，否则应检查原因，必要时应重测。再利用极坐标法将勘探线上的工程点测设于实地上。基线端点和基点的高程，应在点位测设于实地后，用三角高程的方法与平面位置同时测定。

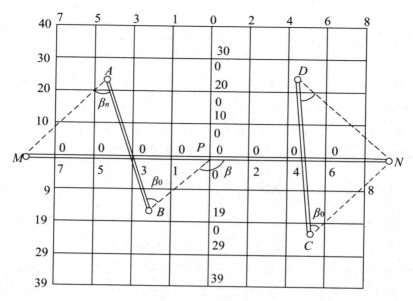

图 5-1　基线的建立

　　随着全站仪的普及，勘探网的测设可不再布设控制基线，而只在勘探区已有控制点的基础上，用测距导线建立一些加密控制点，然后在这些点上用极坐标法测设勘探工程点。若用 RTK 进行测设，可根据设计坐标，直接进行坐标放样，更加快捷。

　　2. 勘探线、勘探网的测设

　　勘探线、勘探网的测设就是将基线与勘探线上的工程点测设于实地。传统方法有极坐标法、测角交会法、距离交会法等，现在多采用全站仪坐标测设法：在基点 P 安置经纬仪，定出基线方向，按设计给定的勘探线间距，采用钢尺量距或精密视距的方法定出各勘探线在基线上的交叉点。然后分别在这些点上安置经纬仪，依据设计给定的勘探线上工程点的点距，采用点位测设的方法，将其测设于实地，即得到第一组勘探线；同法，可将另一组勘探线上的工程点测设于实地。将勘探线上的工程点测设于实地后，应埋设标志并编号。

　　利用全站仪放样可以减少设站次数。从理论上讲，只要在仪器站能看见的地方都可以一次完成，从而减少人工计算，减少出错的机会。

3. 高程测量

基线端点和基点的高程，应在点位测设于实地后，用三角高程的方法与平面位置同时测定。实际高程与设计高程如在规定限差之内，取其平均值即可，否则应查找原因。

勘探线、勘探网高程的测定，可采用三角高程或水准测量的方法进行，并布置成闭合或附合路线，以便于检核。随着测距仪的应用，勘探网的测设可以不再布设控制基线，而只在勘探区已有控制点的基础上，用测距导线建立一些加密控制点，均匀分布于勘探区内，然后依据这些控制点用极坐标法测设勘探工程点。这样不仅提高了测设精度，而且提高了测设速度。

## 二、物探网的测设

物探是地球物理勘探或地球物理探矿的简称。它包括电法、磁法、地震及重力等。在进行物探工作时，首先布设物探网。

### (一) 物探网的设计

物探网一般是由平行的测线与基线相交而成的规则网形，基线间距为500~1000m，测线间距为20~200m，同一物探网中基线和测线各自的间距应相等。基线与测线的交点为基点，基线的两个端点称为控制基点，基线的起始基点应布设在勘探区中央的制高点上。物探网的编号一般用分数形式表示，分母表示线号，分子表示点号，从物探网西南角的基点开始，向北、向东按顺序编号。为了避免向西南角扩展时出现负数编号，一般起始点编号不为 0，而是一个较大的正整数。如果物探网较小时，编号也可用序号来表示。

### (二) 传统方法测设物探网

物探网的测设包括基线的测设、测线的测设和高程测量。

1. 基线的测设

基线测设包括起始基点、控制基点的测设和基线的测设。

起始基点和控制点的测设，首先应求出测设数据，如果起始基点、控制基点给出了坐标，利用给出的坐标和已知点的坐标计算出测设数据；如果起始基点、控制基点没有直接给出坐标，可以利用物探网设计图纸，从图上量取测设数据。然后用极坐标法、角度交会法或距离交会法等方法测设。基点测设于实地后，应埋设标石，并重新测定其坐标，并与设计值比较，应满足要求，否则应重新施测。

基线的测设就是将基线上的全部点测设于实地。当控制基点测设后，将全站仪安置在基线一端的控制点上，瞄准另一端的控制点定向。沿视线方向放棱镜，量出各基点的距离，实地标出各基点，钉以木桩，并编号。

2. 测线的测设

测线的测设就是将测线上的每个测点按设计要求测设于实地上。传统的方法常用经纬仪视距导线法，它对于不同的地形条件和不同的比例尺都适用。具体方法是：在基线点上安置全站仪，以相邻基线点定向，然后再转动经纬仪90°，则望远镜的视线方向即为测线方向。在测线方向上根据设计长度测设各测点，并插旗编号。

3. 高程测量

基点、测点的高程采用水准测量方法或者三角高程测量的方法，精度要满足《地质勘察测量规程》的要求。

## 三、钻探工程测量

钻探工程是勘探工程中重要的勘探手段，通过钻探取得岩芯和矿芯，作为观察分析的资料，依据这些资料来探明地下矿体的范围、深度、厚度、倾角及其变化情况。随矿体类型及勘探储量计算等级的要求不同，钻孔布设的形式和密度也就不同，但一般都是布设成勘探线或勘探网。目前主要采用勘探线。勘探线是一组与矿体走向基本垂直的直线。钻孔的位置是预先设计好的，其设计坐标是已知的，它是测设钻孔地面位置的原始数据。

钻探工程测量的主要任务是钻孔位置测量，按孔位测量的工作程序又分为初测、复测和定测三个步骤。

### （一）初测

初测也称布孔。它的任务是根据钻孔位置的设计数据，利用控制点将钻孔测设到实地上，以便设钻施工。测设孔位的常用方法有交会法、极坐标法。随着全站仪的普及，现在大多采用全站仪法测设。

### （二）复测

1. 复测桩的测定

钻孔位置标定后，即可平整钻机场地，但在清理平台的过程中，钻孔的标桩往往会遭到破坏。因此，在清理钻机场地之前，必须对标定的钻孔桩加以保护。一般的做法是，在标定的孔位桩周围钉几个控制桩。控制桩是供复测钻孔用的，因此又称为复测桩。复测桩应设置在平整场地的影响之外。另外，还要根据初测桩测出复测桩的高程。

2. 孔位的检核

机台平整以后，即可用复测桩对孔位进行校核，其偏差不得超过图上的0.1mm。若平整机台后，表示孔位的初测桩已丢失，此时需用复测桩重新标定孔位。在校核、恢复孔位后，还要对孔位桩的高程进行检核测量。

### （三）定测

钻探完毕封口后，测量人员应测定钻孔位置。钻孔位置以封孔标石中心或套管中心为准。钻孔坐标的测定，可采用经纬仪交会法或极坐标法进行；孔口高程，一般采用等外水准测量或三角高程测量。钻探资料是计算矿产储量的重要依据，所以钻孔位置的定测精度要求较高，其中心位置对附近测量控制点的位置中误差不得超过图上0.1mm（孔位初测可放宽为2~3倍）。其高程对附近测量控制点的高程中误差不得超过地形地质图基本等高距的1/10。

# 第二节　地质剖面测量

地质剖面测量，通常是沿着勘探线方向，测定位于该方向线上的地形特征点、地物点、勘探工程点（钻孔、探井、探槽）以及地质点的平面位置与高程，并按一定的比例绘制成横剖面图。

剖面测量的目的在于提供勘探设计、工程布设、储量计算和综合研究资料。正确地设计勘探工程的位置和加密勘探工程的位置都需要剖面图作为设计依据，以便有效地掌握工程间相互关系和矿体变化情况。在储量计算中，各个剖面的间距和同一剖面线上各勘探工程间的间距是控制矿体位置和大小的基本数据。剖面测量贯穿在地质普查和勘探的整个过程中。普查剖面等精度要求不高的剖面可以在已有的地形地质图上切绘，对于精度要求高的剖面图必须实测。

地质剖面测量的比例尺选取是根据矿床类型、矿床成因和勘探储量级别等因素决定的。对于矿层薄、面积小和品位变化大的稀有贵重的矿种，剖面图的比例尺要大些；大面积沉积矿的矿体，剖面图的比例尺要小些。前者比例尺通常为 $1:500 \sim 1:2000$，后者的剖面比例尺常为 $1:2000 \sim 1:10000$。而特种工业原料地质勘探剖面图的比例尺更大，可采用 $1:200$。

地质剖面测量的顺序是，首先进行剖面定线，建立剖面线上的起点、转点和终点，并在其间加设控制点，然后进行剖面测量，最后展绘地质剖面图。

## 一、剖面线端点的测设

测设剖面线端点的目的是确定剖面线的位置和方向，剖面线一般就是勘探线。根据剖面端点的设计坐标和附近测量控制点的坐标，计算测设数据，然后在已知点上安置仪器，采用极坐标法将端点测设于实地。测设完毕，应立即测量端点的平面坐标，并用三角高程或等外水准测量端点的高程。现分两种情况加以说明：

（1）如剖面线是由地质人员根据设计资料结合实地情况选定的，那么选定后的剖面线端点的坐标和高程就由测量人员用经纬仪采用交会法或用导线与附近控制点联测确定，如图 5-2 所示。

（2）如果剖面线端点需要根据设计坐标测设，那么测量人员可根据附近控制点的坐标和端点的设计坐标计算测设数据，并按布设孔位的方法测设剖面线端点。如果两端点之间距离过长或不通视，则要在剖面线上适当地点增设控制点和转点，并用木桩标志，其布设方法与端点相同。观测时，在端点、控制点和转点通常都要插立标杆，作为照准和标定方向之用。

剖面端点对附近测量控制点的位置中误差不得超过图上 0.1mm，高程误差不得超过地形地质图基本等高距的 1/20。

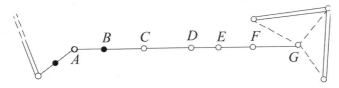

图 5-2 剖面线测设

## 二、剖面测量方法

剖面测量方法以及所使用的仪器，应根据剖面图的比例尺和地形条件等进行选择。一般来说，如剖面图的水平比例尺为 1∶1 万或更大，则必须用经纬仪视距法施测。其施测方法如图 5-3 所示，安置经纬仪于 A 点，照准剖面线上的端点或转点，标定出视线方向。测出剖面线上的 B、C、D 等点对于 A 点的平距和高差，测量方法与地形测图中测定地形点的方法相同。

当视线过长或不通视时，则迁站于 D 点（转点），仍按上述步骤进行，直到剖面线的末端为止。

剖面点的密度取决于剖面的比例尺，地形条件和必要的地质点通常是在剖面图上约一厘米测一剖面点。

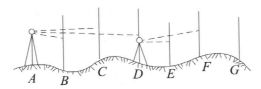

图 5-3 剖面线端点的测设

## 三、剖面线控制测量

剖面控制测量的任务是在剖面线端点及定向点测量的基础上，在剖面线上建立必要数量的控制点。测站点间距不应超过表 5-1 的规定，控制点的布设方法依地形条件而定。

表5-1　测站点间距要求

| 剖面横比例尺 | 1：500 | 1：1000 | 1：2000 | 1：5000 |
|---|---|---|---|---|
| 间距 /m | 100 | 200 | 350 | 500 |

在地形起伏不大、通视良好的地区，可将经纬仪（最好是全站仪）架设在任一端点上瞄准另一端点，直接在剖面线上选定剖面控制点的位置，并以木桩标记，然后精确测出控制点的高程，并计算出剖面各点到控制点的距离及各控制点之间的距离。如果是地形起伏较大、通视不好的地区，应在图上沿剖面线设计控制点的位置，并依据设计坐标，按极坐标法测设。

### 四、剖面图的绘制

剖面测量完成后，即可着手绘制剖面图。剖面图的比例尺一般为地形地质图比例尺的1~4倍，垂直比例尺一般与水平比例尺一致，也可放大1~2倍。剖面图是根据各点高程和各点水平距离绘制的。传统的绘制剖面图的方法与步骤如下：

（1）先在方格纸上定一水平线，表示水平距离，从水平线的左端向上绘一垂线表示点的高程。按照垂直比例尺标出十米或百米整倍数的高程注记，并绘出平行于水平线的基线。

（2）根据各点间的水平距离，按比例尺将各点标出；再根据各点高程，按竖直比例尺分别在各点的竖直线上定出各剖面点的位置，并依次将各剖面点用圆滑的曲线连接起来就绘成剖面图。在剖面图的下面标出剖面线在地形图上与坐标格网线相交的位置，并注格网的坐标值。

（3）地质剖面图绘制完毕后，应在其下方绘制剖面投影平面图，比例尺与剖面图相同。首先在欲绘的平面图图廓的中央，绘一条与高程线平行的直线，作为剖面投影线。然后将剖面端点、地质工程点、主要地质点以规定的图例符号绘制到平面图上，并加编号注记，在剖面上的两端点还应注记剖面线的方位角。最后写明剖面图的名称、编号、比例尺、绘图时间和图内用到的图例符号等。

现代剖面图绘制方法是：外业用全站仪测出剖面上各点的水平距离和高程，记录采用电子手簿或全站仪内存记录。内业采用相应的通信程序，将数据传输到计算机，经预处理，使数据格式符合绘图软件的要求，运行绘制剖面图软件，即可绘制出剖面图。

在找煤阶段，一般采用地质罗盘和测绳或皮尺进行剖面测量。这时用罗盘测倾斜角，用测绳或皮尺测量倾斜距离。利用斜距和倾斜角求出平距、高差，即可绘制剖面图。

# 第三节　地质填图测量

在矿区勘探工程中，首先要进行地质填图。通过地质填图来详细查清地面地质情况，划分岩层，确定矿体分布，以便正确了解矿床与地质构造的关系及规律，为下一步的勘探工作提供可靠的依据，并作为储量计算的地表依据。

## 一、地质填图的比例尺

地质填图是用地形图作为底图，将矿体的分布范围及品位变化情况、围岩的岩性及地层的划分、矿区的地质构造类型以及水文地质情况等填绘到地形图上，即成为一张地质地形图。地质填图作用是通过地质填图来详细查清地面地质情况，划分岩层，确定矿体分布，以便正确了解矿床与地质构造的关系及规律，为下一步的勘探工作提供可靠的依据，并作为储量计算的地表依据。

在地质工作的各个阶段，要填绘不同比例尺的地质图。在普查阶段，要填绘1：10万或1：20万的区域地形图；详查阶段，要填绘1：1万、1：2.5万或1：5万的地质地形图。在精查阶段，填图比例尺依据矿床的具体情况而定，若矿床的生成条件简单，产状较有规律，规模较大，品位变化较小，则采用的比例尺就小，反之较大。一般规模大、赋存条件简单的矿床，如煤、铁等沉积矿床，通常用1：1万至1：5万比例尺的地质地形图；对于规模较小、赋存条件较复杂的矿床，如铜、铅、锌等有色金属的内生矿床，通常用1：2000和1：1000的地质地形图；对于某些稀有金属矿床，还可采用更大的比例尺，如1：500。一般地形图的比例尺应与地质填图的比例尺相同。

## 二、地质填图的方法

地质填图测量包括地质点测量和地质界线测量两个步骤，其中地质点测量是最基本的测量工作。

地质点是指勘探矿区地表上反映地质构造的点，如露头点、构造点、岩体和矿体界线点、水文点等。它们是地质人员进行地质调查的地质观察点，是填绘地形图的重要依据。这就需要采用适当的方法将地质点测绘在地形图上。地质点的位置是地质人员在实地观察确定的，确定后用红油漆或插一小红旗作为标记，并编号。

地质点包括露头点、构造点、岩体和矿体的界线点、水文点和重砂点等，测定地质点一般采用极坐标法。在测区内，应有足够的控制点作为测站点。

地质点测量步骤如下。

### (一)测前准备工作

施测前应准备好作为底图的地形图、地质点分布图和控制点等资料，并对控制点进行图上对照检查，拟订出工作实施计划。

### (二)测站点的选择

在进行地质点测量时，要充分利用图区已有的控制点。如果控制点不足，可采用经纬仪导线测量加以补充，对于 1：10000～1：2000 比例尺地质图的填图测量，则允许采用图解交会法来求得。

当矿区地形地质图采用 0.5m 等高距时，测站点的高程应用等外水准测量直接测定。当图的等高距大于或等于 1m 时，测站点高程可用三角高程测量方法来测定。如需补充控制点，则可从邻近控制点用支导线引测，往返测定，引测时的量距规定为：对于 1：1000～1：500 比例尺，用钢尺量距；对于 1：10000～1：2000 比例尺，用视距法量距。引测的边长和点数要严格按照规范要求。

### （三）地质点的测定

将经纬仪安置在一个测点上，对中、整平后，以另一控制点定向（度盘置 0° 00′ 0″），然后测量各地质点的水平角、水平距离及高程。这一方法与地形测量中的碎部测量相同。

矿体及岩层界线的圈定。在测定地质点的基础上，根据矿体和岩层的产状与实际地形的关系，将同类地质界线点连接起来，并在其变换处适当加密点。地质界线的圈定一般由地质人员现场进行，也可野外记录，室内圈定。

## 三、地质填图中的注意事项

地质人员在进行地质点观察时，应携带地形图，并绘制草图。

地质填图应充分利用已有的控制点（包括图根点、控制点），经检查符合要求的情况下，可以直接使用。当控制点丢失或破坏时，必须重新建立图根控制。

地质点测量根据具体的条件可采用平板仪极坐标法、经纬仪配合小平板仪法，有条件可采用全站仪进行数字化成图方法测设或用 RTK 直接测量地质点的坐标。

# 第六章　岩土工程施工测量

## 第一节　建筑施工控制网

### 一、建筑施工控制网概述

建筑施工控制的任务是建立施工控制网。施工控制网不仅是施工放样的依据，也是工程竣工测量的依据，同时还是建筑物沉降观测以及将来建筑物改建、扩建的依据。由于在勘测设计阶段所建立的测图控制网未考虑拟建建筑物的总体布置，在点位的分布、密度和精度等方面不能满足施工放样的要求；在测量施工现场、平整场地工作中进行土方的填挖，使原来布置的控制点大多都被破坏，因此在施工前大多必须以测图控制点为定向条件重新建立统一的施工控制网。

在建筑工程施工现场，各种建（构）筑物分布较广，常常分批分期兴建，它们的施工测量一般都按施工顺序分批进行。为了保证施工测量的精度和速度，使各建（构）筑物的平面位置和高程都能符合设计要求，互相连成统一的整体，施工测量和测绘地形一样，也要遵循"从整体到局部，先控制后细部"的原则。即先在施工现场建立统一的施工控制网，然后以此为基础，测设各个建（构）筑物的位置和进行变形观测。

施工控制网分为平面控制网和高程控制网两种，前者常采用导线网、建筑基线或建筑方格网等，后者则采用三、四等水准网或图根水准网。

施工控制网的布设，应根据设计总平面图的布局和施工地区的地形条件来确定。一般民用建筑、工业厂房、道路和管线工程，基本上是沿着相互平行或垂直的方向布置的，对于建筑物布置比较规则和密集的大中型建筑场地，施工控制网一般布置成正方形或矩形格网，即建筑方格网；对于面积不大而又简单的小型施工场地，常布置一条或几条建筑基线作为施工测量的平面控制。对于扩建或改建工程的建筑场地，可采用导线网作为施工控制网。

相对于测图控制网来说，施工控制网具有控制范围小、控制点密度大、精度要求高、使用频繁、受施工干扰大等特点。

## 二、平面施工控制网

### (一)建筑基线

1. 建筑基线的布置

在面积不大、地势较平坦的建筑场地上，布设一条或几条基准线作为施工测量的平面控制，称为建筑基线。根据建筑设计总平面图上建筑物的分布、现场地形条件及原有测图控制点的分布情况，建筑基线可布设成三点直线形、三点直角形、四点丁字形和五点十字形等形式。建筑基线应尽可能靠近拟建的主要建筑物并与其主要轴线平行或垂直，以便用较简单的直角坐标法进行测设；基线点位应选在通视良好，不受施工影响，且不易被破坏的地方，为能长期保存，要埋设永久性的混凝土桩。边长 100~400m；基线点应不少于三个，以便校核。

2. 建筑基线的测设

根据建筑场地的不同情况，测设建筑基线的方法主要有下述两种：

(1)根据建筑红线测设。在城市建设中，建筑用地的界址由规划部门确定，并由拨地单位在现场直接标定出用地边界点。边界点的连线是正交的直线，称为建筑红线。建筑红线与拟建的主要建筑物或建筑群中的多数建筑物的主轴线平行。因此，可根据建筑红线用平行线推移法测设建筑基线。

如果建筑红线完全符合作为建筑基线的条件时，可将其作为建筑基线使用，即直接用建筑红线进行建筑物的放样，既简便又快捷。

(2)根据附近的控制点测设。在非建筑区，没有建筑红线做依据时，就需要在建筑设计总平面图上，根据建筑物的设计坐标和附近已有的测图控制点来选定建筑基线的位置，并在实地采用极坐标法或角度交会法把基线点在地面上标定出来。

### (二) 建筑方格网

1. 建筑方格网的布置

在大中型建筑场地上，由正方形或矩形格网组成的施工控制网，称为建筑方格网。建筑方格网是根据设计总平面图中建 (构) 筑物和各种管线的位置并结合现场的地形条件来布设的。设计时先选定方格网的主轴线，然后再布置其他的方格点。方格网是场区建 (构) 筑物放线的依据，布网时应考虑以下几点：

(1) 建筑方格网的主轴线位于建筑场地的中央，并与主要建筑物的轴线平行，使方格网点接近于测设对象。

(2) 方格网的转折角应严格成90°。

(3) 方格网的边长一般为100～200m，边长的相对误差一般为1/20000～1/10000。

(4) 按照实际地形布设，使控制点位于测角、量距比较方便的地方，并使埋设标桩的高程与场地的设计标高不要相差太大。

(5) 当场地面积不大时尽量布设成全面方格网。若场地面积较大时，应分为二级，首级可采用"十"字形、"口"字形或"田"字形，然后再加密方格网。

2. 建筑方格网主轴线的测设

主轴线的定位是根据测量控制点来测设的。

3. 矩形方格网的测设

主轴线确定后，进行分部方格网的测设；必要时，再在分部方格网内进行加密。

4. 施工坐标系与测量坐标系的坐标换算

在建筑场地，为便于设计经常根据总平面布置采用独立的施工坐标系，与原测量坐标系不一致；为利用原测量控制点进行测设，应先将建筑方格网主点的施工坐标换算成测量坐标。有关坐标换算数据一般由设计单位提出，或在总平面图上用图解法量取施工坐标系坐标原点在测量坐标系中的坐标 $(x_0，y_0)$ 及施工坐标系纵坐标轴与测量坐标系纵坐标轴间的夹角 $\alpha$，再根据 $(x_0，y_0)$、$\alpha$ 进行坐标换算。

### 三、高程施工控制网

建筑场地上的水准网即高程施工控制网。水准网应布设成闭合、附合水准路线，并与国家水准网联测，以便建立统一的高程系统。高程测量的精度不宜低于四等水准测量的精度。场地水准点应布设在土质坚硬、不受施工影响、便于长期使用的地方，并埋设永久性标志。水准点的间距宜小于1km，距建筑物不宜小于25m，距离回填土边线不宜小于15m。

中小型建筑场地一般建筑施工高程控制网可用 $DS_3$ 型水准仪按四等水准测量的要求进行布设，对连续生产的厂房或下水管道等工程则采用三等水准测量的方法测定各控制点高程。

加密水准路线可按图根水准测量的要求进行布设。加密水准点可埋设成临时性标志，尽量靠近施工建筑物，便于使用。

建筑物高程控制的水准点可利用平面控制点做水准点，也可利用场地附近的水准点，其间距宜在200m左右。水准点的密度应满足场地抄平的需求，尽可能做到观测一个测站即可测设所需高程点。

为了施工引测方便，可在建筑场地内每隔一段距离（如50m）设置以底层室内地坪 ±0.000 为标高的水准点，但需注意设计中各建（构）筑物的 ±0.000 不一定是同一高程。当施工中水准点标桩不能保存时，应将其高程引测至附近的建（构）筑物上，引测的精度不应低于原有水准测量的等级要求。

# 第二节　民用建筑施工测量

### 一、概述

建筑工程一般可分为民用建筑工程和工业建筑工程两大类。

民用建筑一般指住宅、办公楼、商店、医院、学校、饭店等建筑物，有单层、低层（2~3层）、多层（4~7层）和高层（8层以上）建筑。由于类型不同，其放样的方法和精度也不同，但放样过程基本相同。

建筑工程施工阶段的测量工作也可分为建筑施工前的测量工作和建筑

施工过程中的测量工作。建筑施工前的测量工作包括施工控制网的建立、场地布置、工程定位和基础放线等。施工过程中的测量工作包括基础施工测量、墙体施工测量、建（构）筑物的轴线投测和高程传递、沉降观测等。施工放样是每道工序作业的先导，而验收测量是各道工序的最后环节。施工测量贯穿于整个施工过程，它对保证工程质量和施工进度都起着重要的作用。测量人员要树立为工程建设服务的思想，主动了解施工方案，掌握施工进度；同时，对所测设的标志，一定要经过反复校核无误后，方可交付施工，避免因测错而造成工程质量事故。

一般情况下，施工测量的精度应比测绘地形图的精度高，而且根据建（构）筑物的大小、重要性、材料及施工方法等的不同，对施工测量的精度要求也有所不同。例如，工业建筑的测设精度高于民用建筑，钢结构建筑的测设精度高于钢筋混凝土建筑，装配式建筑的测设精度高于非装配式建筑，高层建筑的测设精度高于低层建筑，等等。总之，施工测量的质量和速度直接影响着工程质量和施工进度。

在建筑工程施工现场上由于各种材料和机具的堆放、土石方的填挖，以及机械化施工等原因，场地内的测量标志易受损坏。因此，在整个施工期间应采取有效措施，保护好测量标志。另外，测量作业前对所用仪器和工具要进行检验和校正。在施工现场，由于干扰因素很多，测设方法和计算方法要力求简捷，同时要特别注意人身和仪器的安全。

## 二、测设前准备工作

### （一）熟悉设计图纸

设计图纸是施工测量的依据，在测设前应熟悉建筑物的尺寸和施工要求，以及施工的建筑物与相邻地物的相互关系等；对各设计图纸的有关尺寸应仔细核对，必要时要将图纸上的主要数据摘抄于施测记录本上，以便随时查用。测设时应具备下列图纸资料：

（1）建筑总平面图。其给出了建筑物地上所有建筑物和道路的平面位置及其主要点的坐标，标出了相邻建筑物之间的尺寸关系，注明了各建筑物室内地坪高程，是测设建筑物总体位置的依据。建筑物就是依据其在总平面图上所给定的尺寸关系进行定位的。

（2）建筑平面图。其给出了建筑物各轴线的间距。它是测设建筑物细部轴线的依据。

（3）立面图和剖面图。其给出了基础、室内外地坪、门窗、楼板、屋架、屋面等处的设计标高，这些高程是以 ±0.000 标高为起算点的相对高程，它是测设建筑物各部位高程的依据。

（4）基础平面图和基础详图。其给出了基础轴线、基础宽度和标高尺寸的关系。它是测设基础（坑）开挖边线和开挖深度的依据，也是基础定位及细部放样的依据。

在熟悉设计图纸的过程中应注意以下问题：总平面图上给出的建筑物之间的距离一般是指建筑物外墙皮间距；建筑物到建筑红线、建筑基线、道路中线的距离一般也是指建筑物外墙皮至某一直线的距离；总平面图上设计的建筑物平面位置用坐标表示时，给出的坐标一般是外墙角的坐标值；建筑平面图上给出的尺寸一般是轴线间的尺寸。

在施工放样过程中，建筑物定位均是根据拟建建筑物外墙轴线进行定位，因此在测设前准备测设数据时，应注意以上数据之间的相互关系，根据墙的设计厚度找出外墙皮至轴线的尺寸。

（5）计算测设数据并绘制建筑物测设略图。依据设计图纸计算所编制的测设方案的对应测设数据，然后绘制测设略图，并将计算数据标注在图中。

### （二）测量定位依据点的交接与检测

通过现场踏勘了解施工现场地物、地貌以及现有测量控制点的分布情况。平面控制点或建筑红线桩点是建筑物定位的依据点。由于建筑施工时间较长，施工工地各类建筑材料堆放较多，容易造成对建筑物定位依据点的破坏，给施工带来不必要的损失，所以施工测量人员应认真做好建筑定位依据点资料成果与点位（桩位）交接工作，并做好保护工作。

定位依据点的数量应不少于3个，以便于校核。应检测红线桩点的角度、边长和点位误差，检测限差应符合有关测量规范的要求。水准点是确定建筑物高程的基本依据。为确保建筑物高程的准确性，应对水准点进行检测，符合限差要求后方可使用。

### （三）施工测量方案的确定和施工测量数据的准备

在审核施工图样、掌握施工计划和施工进度的基础上，结合现场条件和实际情况，拟定测设方案。测设方案包括测设方法、测设步骤、采用的仪器工具、精度要求、时间安排等。

在每次现场测量之前，应根据设计图样测量控制点的分布情况，准备好相应的放样数据并对数据进行检核，绘出放样简图，把放样数据标注在简图上，使现场测设时更方便快速，并减少出错的概率。

施工测量数据准备齐全，准确是施工测量顺利进行的重要保证。应依据施工图计算施工放样数据，并绘制施工放样简图。施工测量放样数据的正确与否直接关系建筑工程质量、造价、工期等，要保证放样数据百分之百地正确，因此应由不同人员对施工测量放样数据和简图进行校核。施工测量计算资料应及时整理、装订成册、妥善保管。

### （四）测量仪器和工具的检验校正

由于经常使用的水准仪、经纬仪和全站仪的主要轴系关系在人工操作和外界环境（包括气候、搬运等）的影响下易于产生变化，影响测量精度，所以要求这类测量仪器应在每项施工测量前进行检验校正；如果施工周期较长，还应每隔1~3个月进行定期检验校正。

为保证测量成果准确可靠，要求将测量仪器、量具按国家计量部门或工程建设主管部门规定的检定周期和技术要求进行检定，经检定合格后方可使用。光学经纬仪、水准仪与标尺、电子经纬仪、电子水准仪、光电测距仪、全站仪、钢卷尺等检定周期均为一年。

测量仪器、量具是施工测量的重要工具，是确保施工测量精度的重要保证条件；作业人员应严格按有关标准进行作业，精心保管和爱护，加强维护保养，使其保持良好状态，确保施工测量的顺利进行。

### （五）施工场地测量

施工场地测量包括场地平整、临时水电管线敷设、施工道路、暂设建（构）筑物以及物料、机具场地的划分等测量工作。其中，场地平整测量应根据总体竖向设计和施工方案的有关要求进行；地面高程测量一般采用方格网法，即在地面上根据红线桩点或原有建（构）筑物，按均匀的间隔测设桩点，形成桩点方格网。然后用水准测量方法测量原地面高程，格网点原地面高程与设计地面高程之差即为挖填高度，作为场地平整施工依据，也作为计算土方工程量的原始资料。施工道路、临时水电管线与暂设建（构）筑物的平面、高程位置，应根据场区测量控制点与施工现场总平面图进行测设。

### 三、建筑物的定位测量

建筑物四周外廓主要轴线的交点决定了建筑物在地面上的位置，称为定位点或角点。建筑物的定位测量就是根据设计条件，将这些定位点测设到地面上，作为细部轴线放线和基础放线的依据。由于设计条件和现场条件不同，建筑物的定位方法也有所不同。下面介绍3种常见的定位方法。

#### （一）根据建筑方格网和建筑基线定位

如果待定位建筑物的定位点设计坐标是已知的，且建筑场地已设置建筑方格网或建筑基线，可利用直角坐标法测设定位点，当然也可用极坐标法等其他方法进行测设。直角坐标法所需要的测设数据的计算较为方便，在用经纬仪和钢尺实地测设时，建筑物总尺寸和四大角的精度容易控制和检核。

#### （二）根据导线控制点定位

如果待定位建筑物的定位点设计坐标是已知的，且附近有导线测量控制点可供利用，可根据实际情况选用极坐标法、角度交会法或距离交会法来测设定位点。在这3种方法中，极坐标法适用性最强，是用得最多的一种定位方法。当使用全站仪测设时，一般都采用极坐标法。

#### （三）根据与原有建筑物和道路的关系定位

如果设计图上只给出新建筑物与附近原有建筑物或道路的相互关系，而没有提供建筑物定位点的坐标，周围又没有导线控制点、建筑方格网和建筑基线可供利用，可根据原有建筑物的边线或道路中心线，将新建筑物的定位点测设出来。

具体测设方法随实际情况不同而不同，但基本过程是一致的，就是先在现场找出原有建筑物的边线或道路中心线，再用经纬仪和钢尺将其延长、平移、旋转或相交，得到新建筑物的一条定位轴线；然后根据这条定位轴线，用经纬仪测设角度（一般是直角），用钢尺测设长度，得到其他定位轴线或定位点；最后检核 4 个内角和 4 条定位轴线长度是否与设计值一致。

### 四、建筑物细部放线测量

建筑物的细部放线测量，是指根据现场已测设好的建筑物定位点，详细测设各细部轴线交点的位置，并将其延长到安全的地方做好标志。然后以细部轴线为依据，按基础宽度和放坡要求用白灰撒出基础开挖边线，或者放出桩基础的孔位中心。

### (一) 测设细部轴线交点

如图 6-1 所示，A 轴、E 轴、①轴和⑦轴是建筑物的 4 条外墙主轴线，其两两间的交点即是建筑物的定位点。这些定位点已在地面上测设完毕并打好桩点，各主次轴线间隔见图，现欲测设次要轴线与主轴线的交点。

在 A 和①交点安置经纬仪，照准 A 和⑦交点，把钢尺的零端对准 A 与①交点，沿视线方向拉钢尺，在钢尺上读数等于①轴和②轴间距（4.2m）的地方打下木桩。打的过程中要经常用仪器检查桩顶是否偏离视线方向，并不时拉一下钢尺，看钢尺应有读数是否还在桩顶上，如有偏移要及时调整。打好桩后，根据经纬仪视线在桩顶上画一条纵线，再拉好钢尺，在读数等于轴间距处画一条横线，两线交点即 A 轴与②轴的交点。

在测设 A 轴与③轴的交点 A-③时，方法同上，注意仍然要将钢尺的零端对准 A-①点，并沿视线方向拉钢尺，而钢尺读数应为①轴和③轴间距（8.4m）。这种做法可以减小钢尺对点误差，避免轴线总长度增长或减短，如此依次测设 A 轴与其他有关轴线的交点。测设完最后一个交点后，用钢尺检查各相邻轴线桩的间距是否等于设计值，误差应小于 1/3000。

测设完 A 轴上的轴线点后，用同样的方法测设 E 轴、①轴和⑦轴上的轴线点。如果建筑物尺寸较小，也可用拉细线绳的方法代替经纬仪定线，然后沿细线绳拉钢尺量距。此时要注意细线绳不要碰到物体，风大时也不宜作业。

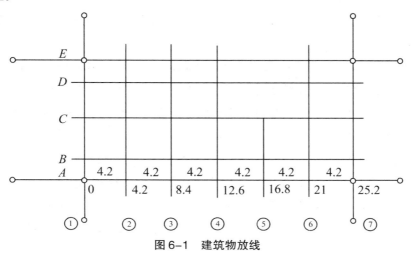

图6-1　建筑物放线

## (二) 引测轴线

在基槽或基坑开挖时，定位桩和细部轴线桩均会被挖掉。为了使开挖后各阶段施工能快速、准确地恢复各轴线位置，应把各轴线延长到开挖范围以外并做好标志。这个工作称为引测轴线，具体方法有龙门板法和轴线控制桩法两种。

1. 龙门板法

（1）在建筑物四角和中间隔墙的两端，距基槽边线约2m以外，牢固地埋设大木桩，称为龙门桩，并使桩的一侧大致平行于基槽。

（2）在相邻两龙门桩上钉设木板，称为龙门板。为了便于控制开挖深度和基础标高，龙门板顶面标高宜在一个水平面上，其标高为±0，或比±0高或低一定的数值。方法是：根据附近水准点，用水准仪将标高线测设在每个龙门桩的外侧上，并画出横线标志。钉龙门板时使板的上沿与龙门桩上的横线对齐。同一建筑物最好只用一个标高，如因地形起伏大而用两个标高时，一定要标注清楚，以免使用时发生错误。

（3）根据轴线桩，用经纬仪将各轴线投测到龙门板的顶面，并钉上小钉作为轴线标志，称为轴线钉，投测误差应在±5mm以内。对小型的建筑物，可用拉细线绳的方法延长轴线，再钉上轴线钉。如事先已钉好龙门板，可在测设细部轴线的同时钉设轴线钉，以减少重复安置仪器的工作量。

（4）用钢尺沿龙门板顶面检查轴线钉的间距，其相对误差不应超过1/3000。

恢复轴线时，将经纬仪安置在一个轴线钉上方，照准此轴线另一端的轴线钉，其视线即为轴线方向；往下转动望远镜，便可将轴线投测到基槽或基坑内。也可用线将相对的两个轴线钉连接起来，借助于垂球，将轴线投测到基槽或基坑内。

2. 轴线控制桩法

由于龙门板需要较多木料，而且占用场地，使用机械开挖时容易被破坏，因此也可以在基槽或基坑外各轴线的延长线上测设轴线控制桩，作为以后恢复轴线的依据。即使采用了龙门板，为了防止被碰动，对主要轴线也应测设轴线控制桩。

轴线控制桩一般设在开挖边线 4m 以外的地方，并用水泥砂浆加固。最好是附近有固定建筑物和构筑物，这时应将轴线投测在这些物体上，使轴线更容易得到保护，但每条轴线至少应有一个控制桩是设在地面上的，以便今后能安置经纬仪恢复轴线。

轴线控制桩的引测主要采用经纬仪法。当引测到较远的地方时，要注意采用盘左和盘右两次投测取中法来引测，以减小引测误差和避免错误。

### （三）确定开挖边线

先按基础剖面图给出的设计尺寸，计算基槽的开挖边线与轴线之间的宽度 $d$。

$$d=B + mh \qquad (6-1)$$

式中：$B$——基底边线与轴线之间的宽度，可由基础剖面图查取；

$h$——基槽深度；

$m$——边坡坡度的分母。

然后根据计算结果，在地面上以轴线为中线往两边各量出 $d$，拉线并撒上白灰，即为开挖边线。如果是基坑开挖，则只需按最外围基础的宽度及放坡确定开挖边线。

## 五、基础施工测量

### (一) 开挖深度和垫层标高控制

为了控制基槽开挖深度，当基槽挖到接近槽底设计高程时，应在槽壁上测设一些水平桩，使水平桩的上表面离槽底设计高程为某一整分米数（例如 0.5m），用以控制挖槽深度，也可作为槽底清理和打基础垫层时掌握标高的依据。如为槽底清理和打基础垫层时掌握标高的依据。一般在基槽各拐角处均应打水平桩，在直槽上则每隔 10m 左右打一个水平桩，然后拉上线，线下 0.5m 即为槽底设计高程。

水平桩可以是木桩，也可以是竹桩；测设时，以画在龙门板或周围固定地物的 ±0 标高线为已知高程点，用水准仪进行深度控制。小型建筑物也可用连通水管法进行控制。水平桩上的高程误差应在 ±10mm 以内。

例如，设龙门板顶面标高为 ±0.00，槽底设计标高为 -2.1m，水平桩高于槽底 0.5m，即水平桩高程为 -1.6m。用水准仪后视龙门板顶面上的水准尺，读数 a=1.286m，则水平桩上标尺的应有读数为 0+1.286-（-1.6）=2.886m。测设时沿槽壁上下移动水准尺，当读数为 2.886m 时沿尺底水平地将桩打进槽壁，然后检核该桩的标高；如超限便进行调整，直至误差在规定范围以内。

垫层面标高的测设可以以水平桩为依据在槽壁上弹线，也可在槽底打入垂直桩，使桩顶标高等于垫层面的标高。如果垫层需安装模板，可以直接在模板上弹出垫层面的标高线。

如果是机械挖土，一般不是一次挖到设计槽底或坑底的标高，因此要在施工现场安置水准仪，边挖边测，随时指挥挖土机调整开挖深度，使槽底或坑底的标高略高于设计标高（一般为 10cm），留给人工清土。挖完后，为了给人工清底和打垫层提供标高依据，还应在槽壁或坑壁上打水平桩，水平桩的标高一般为垫层面的标高。当基坑底面积较大时，为便于控制整个底面的标高，应在坑底均匀地打一些垂直桩，使桩顶标高等于垫层面的标高。

### (二) 在垫层上投测基础中心线

垫层打好后，根据龙门板上的轴线钉或轴线控制桩，用经纬仪或用拉线挂吊锤的方法，把轴线投测到垫层面上，并用墨线弹出基础中心线和边线，以便基础砌筑或基础模板安装。

### （三）基础标高控制

对于采用钢筋混凝土的基础，可用水准仪将设计标高测设于基础钢筋或模板上。

对于砖墙基础，其标高一般是用皮数杆来控制。皮数杆是用一根木板做成，在板上注明 ±0 的位置，按照设计尺寸将砖和灰缝的厚度分皮从上往下一一画出来；此外，还应注明防潮层和预留洞口的标高位置。

立皮数杆时，可先在立杆处打一根木桩，用水准仪在木桩侧面测设一条高于垫层设计标高某一数值（如 0.3m）的水平线；然后将皮数杆上标高相同的一条线与木桩上的水平线对齐，并用铁钉把皮数杆和木桩钉在一起，这样立好皮数杆后，即可作为砌筑基础墙的标高依据。

## 六、首层楼房墙体施工测量

### （一）墙体轴线测设

基础工程结束后，应对龙门板或轴线控制桩进行检查复核，以防基础施工期间发生碰动移位。复核无误后，可根据轴线控制桩或龙门板上的轴线钉，用经纬仪法或拉线法，把首层楼房的墙体轴线测设到防潮层上，并弹出墨线；然后用钢尺检查墙体轴线的间距和总长是否等于设计值，用经纬仪检查外墙轴线 4 个主要交角是否等于 90°。符合要求后，把墙轴线延长到基础外墙侧面，弹线并做出标志，作为向上投测各层楼房墙体轴线的依据。

墙体砌筑前，根据墙体轴线和墙体厚度，弹出墙体边线，照此进行墙体砌筑。砌筑到一定高度后，用吊锤线将基础外墙侧面上的轴线引测到地面以上的墙体上，以免基础覆土后看不见轴线标志。如果轴线处是钢筋混凝土柱，则在拆除柱模后将轴线引测到柱身上。

### （二）墙体标高的测设

墙体砌筑时，其标高用墙身皮数杆控制。皮数杆上根据设计尺寸，按砖和灰缝厚度画线，并标明门、窗、过梁、楼板等的标高位置。杆上标高注记从 ±0.00 向上增加。

墙身皮数杆一般立在建筑物的拐角和内墙处，固定在木桩或基础墙上。为了便于施工，采用里脚手架时，皮数杆立在墙的外边；采用外脚手架时，皮数杆立在墙里边。立皮数杆时，先用水准仪在立杆处的木桩或基础墙上测设出 ±0.00 标高线，测量误差在 ±3mm 以内，然后把皮数杆上的 ±0.00 线与该线对齐，用吊锤校正并用钉子钉牢，必要时可在皮数杆上加钉两根斜撑，以保证皮数杆的稳定。

墙体砌筑到一定高度后（1.5m 左右），应在内外墙面上测设高于 ±0.00 标高 500mm（或 1000mm）的水平墨线，称为水平控制线。外墙的水平控制线作为向上传递各楼层标高的依据，内墙的水平控制线作为室内地面施工及室内装修的标高依据。

如果是框架结构，不需要皮数杆；安装楼面模板时，可直接用小钢尺从 500mm（或 1000mm）线往上量取一定的高度，即可得到安装楼面模板的标高线。为了量距方便，也可弹一根更高的标高线，例如高出 ±0.00 标高 1500mm 的水平线，作为安装模板的依据。

## 七、二层以上楼层墙体施工测量

（一）轴线投测

每层楼面建好后，为了保证继续往上砌筑墙体时，墙体轴线均与基础轴线在同一铅垂面上，应将基础或首层墙面上的轴线投测到楼面上，并在楼面上重新弹出墙体的轴线。检查无误后，以此为依据弹出墙体边线，再往上砌筑。在这个测量工作中，从下往上进行轴线投测是关键。一般多层建筑常用吊锤线投测轴线，具体有两种投测法。

1. 轴线端头吊锤线法

将较重的垂球悬挂在楼面的边缘，慢慢移动，使垂球线或垂球尖对准底层的轴线端头标志（底层墙面上的轴线标志或底层地面上的轴线延长线），吊锤线上部在楼面边缘的位置就是墙体轴线位置，在此画一条短线作为标志，便在楼面上得到轴线的一个端点。同法投测另一端点，两端点的连线即为墙体轴线。

2. 轴线等距吊锤线法

如图 6-2 所示，为了将⑦轴投测到楼面上，在楼面上适当的地方放置两块木板，木板一端伸出墙外约 0.3m，在木板上悬挂吊锤。一名测量员在底层用小钢尺量出吊锤线与⑦轴之间的间距 $b$，另一名测量员在楼面上用小钢尺从吊锤线往回量取间距 $b$，在楼面上做好标志。通过两个标志弹墨线，即可在楼面上得到⑦轴的轴线。

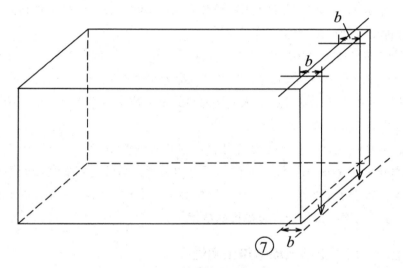

图 6-2　轴线等距吊锤线法

一般应将建筑物的全部主轴线都投测到楼面上来，并弹出墨线，用钢尺检查轴线间的距离，其相对误差不得大于 1/3000。然后以这些主轴线为依据，用钢尺内分法测设其他细部轴线。在困难的情况下至少要测设两条垂直相交的主轴线，检查交角合格后，用经纬仪和钢尺测设其他主轴线，再根据主轴线测设细部轴线。

吊锤线法受风的影响较大，楼层较高时风的影响更大，因此应在风小时作业，投测时应待吊锤稳定下来后再在楼面上定点。此外，每层楼面的轴线均应直接由底层投测上来，以保证建筑物的总竖直度。只要注意这些问题，用吊锤线法进行多层楼房的轴线投测的精度是有保证的。

## （二）标高传递

多层建筑物施工中，要由下往上将标高传递到新的施工楼层，以便控制新楼层的墙体施工，使其标高符合设计要求。标高传递一般可用以下两种方法。

1. 利用皮数杆传递标高

一层楼房墙体砌完并打好楼面后，把皮数杆移到二层继续使用。为了使皮数杆立在同一水平面上，用水准仪测定楼面四角的标高，取平均值作为二楼的地面标高；并在立杆处绘出标高线，立杆时将皮数杆的 ±0 线与该线对齐，然后以皮数杆为标高依据进行墙体砌筑。如此用同样方法逐层往上传递高程。

2. 利用钢尺传递标高

用钢尺从底层的 +500mm（或 +1000mm）水平标高线起往上直接丈量，把标高传递到第二层去，然后根据传递上来的高程测设第二层的地面标高线，以此为依据立皮数杆。在墙体砌到一定高度后，用水准仪测设该层的 +500mm（或 +1000mm）水平标高线，再往上一层的标高可以此为准用钢尺传递；依次类推，逐层传递标高。

# 第三节　高层建筑施工测量

由于高层建筑的体形大、层数多、高度高、造型多样化、建筑结构复杂、设备和装修标准高，在施工过程中对建筑物各部位的水平位置、轴线尺寸、垂直度和标高的要求都十分严格，所以对施工测量的精度要求也高。为确保施工测量符合精度要求，应事先认真研究和制定测量方案，拟出各种误差控制和检核措施，所用的测量仪器应符合精度要求，并按规定认真检校。此外，由于高层建筑工程量大，机械化程度高，工种交叉大，施工组织严密，因此施工测量应事先做好准备工作，密切配合工程进度，以便及时、快速和准确地进行测量放线，为下一步施工提供平面和标高依据。

在高层建筑施工过程中有大量的施工测量工作，下面主要介绍高层建筑施工控制网的布设、高层建筑物桩基础施工测量、高层建筑物主要轴线的定位和放线、高层建筑物的轴线投测、高层建筑物的高程线道。

## 一、施工控制网的布设

高层建筑必须建立施工控制网。其平面控制一般布设建筑方格网较为实用，且使用方便，精度可以保证，自检也方便。建立建筑方格网，必须从整个施工过程考虑，打桩、挖土、浇筑基础垫层及其他施工工序中的轴线测设要均能应用所布设的施工控制网。由于打桩、挖土对施工控制网的影响较大，所以除了经常进行控制网点的复测校核之外，最好随着施工的进行，将控制网延伸到施工影响区之外。而且，必须及时地伴随着施工将控制轴线投测到相应的建筑面层上，这样便可根据投测的控制轴线，进行柱列轴线等细部放样，以备绑扎钢筋、立模板和浇筑混凝土之用。为了将设计的高层建筑测设到实地，同时简化设计点位的坐标计算和在现场便于建筑物细部放样，该控制网的轴系应严格平行于建筑物的主轴线或道路的中心线。施工方格网的布设必须与建筑总平面图相配合，以便在施工过程中能够保存最多数量的方格控制点。

建筑方格网的实施，与一般建筑场地上所建立的控制网实施过程一样：首先在建筑总平面图上设计，然后依据高等级测图点用极坐标法或直角坐标法测设在实地，最后进行校核调整，保证精度在允许的限差范围之内。

在高层建筑施工中，高程测设在整个施工测量工作中所占比例很大，同时是施工测量中的重要部分。正确而周密地在施工场地上布置水准高程控制点，能在很大程度上使立面布置、管道敷设和建筑物施工得以顺利进行，建筑施工场地上的高程控制必须以精确的起算数据来保证施工的质量要求。

高层建筑施工场地上的高程控制点，必须联测到国家水准点上或城市水准点上。高层建筑物的外部水准点高程系统应与城市水准点的高程系统统一，因为要由城市向建筑场区敷设许多管道和电缆等。

一般高层建筑施工场地上的高程控制网用三、四等水准测量方法进行施测，且应把建筑方格网的方格点纳入高程系统中，以保证高程控制点密度，满足工程建设高程测设工作所需。所建网型一般为附合水准或闭合水准。

## 二、高层建(构)筑物主要轴线的定位和放线

在建筑物放样时，按照建筑物柱列线或轮廓线与主控制轴线的关系，依据场地上的控制轴线逐一定出建筑物的轮廓线。对于目前一些几何图形复杂的建筑物，如"S"形、椭圆形、扇形、圆筒形、多面体形等，可以使用全站仪采用极坐标法进行建筑物的定位。具体做法是：通过图纸将设计要素(如轮廓坐标、曲线半径、圆心坐标及施工控制网点的坐标等)识读清楚，并计算各自的方向角及边长，然后在控制点上安置全站仪(或经纬仪)建立测站，按极坐标法完成各点的实地测设。将所有建筑物轮廓点定出后，再行检查是否满足设计要求。

总之，根据施工场地的具体条件和建筑物几何图形的繁简情况，可以选择最合适的测设方法完成高层建筑物的轴线定位。

轴线定位之后，即可依据轴线测设各桩位或柱列线上的桩位。

## 三、高层建筑基础施工测量

### (一)桩基础施工测量

采用桩基础的建筑物多为高层建筑，其特点是建筑层数多、高度高、基坑深、结构竖向偏差直接影响工程受力情况，故施工测量中要求竖向投点精度高。高层建筑位于市区，施工场地不宽敞，整幢建筑物可能有几条不平行的轴线，施工测量要根据结构类型、施工方法和场地实际情况采取切实可行的方法进行，并经过校对和复核，以确保无误。

1. 桩的定位

根据建筑物主轴线测设桩基和板桩轴线位置的允许偏差为20mm，对于单排桩，则为10mm。沿轴线测设桩位时，纵向(沿轴线方向)偏差不宜大于3cm，横向偏差不宜大于2cm。位于群桩外周边上的桩，测设偏差不得大于桩径或桩边长(方形桩)的1/10；桩群中间的桩则不得大于桩径或边长的1/5。

桩位测设工作必须在恢复后的各轴线检查无误后进行。

桩的排列随着建筑物形状和基础结构的不同而异。最简单的排列呈格

网状，此时只要根据轴线精确地测设出格网的四个角点，进行加密即可。地下室桩基础则是由若干个承台和基础梁连接而成。承台下面是群桩，基础梁下面有的是单排桩，有的是双排桩。承台下群桩的排列有时也会有不同。测设时一般是按照"先整体，后局部""先外廓，后内部"的顺序进行。

桩顶上做承台，按控制的标高进行，先在桩顶面上弹出轴线，作为支承台模板的依据。承台浇筑完后，在承台面上弹轴线，并详细地放出地下室的墙宽、门洞等位置。地下室施工标高高于地面时，根据轴线控制桩将轴线投测到墙的立面上，同时沿建筑物四周将标高线引测到墙面上。

2. 施工后桩位的检测

桩基施工结束后，应根据轴线重新在桩顶上测设出桩的设计位置，并用油漆标明；然后量出桩中心与设计位置的纵、横向两个偏差分量。若其在允许误差范围内，即可进行下一工序的施工。

**（二）深基坑施工测量**

1. 测设基坑开挖边线

高层建筑一般都有地下室，因此要进行基坑开挖。开挖前，先根据建筑物的轴线控制桩确定角桩，以及建筑物的外围边线，再考虑边坡的坡度和基础施工所需工作面的宽度，测设出基坑的开挖边线并撒出灰线。

2. 基坑开挖时的测量工作

高层建筑的基坑一般都很深，需要放坡并进行边坡支护加固。开挖过程中，除了用水准仪控制开挖深度外，还应经常用经纬仪或拉线检查边坡的位置，防止出现坑底边线内收，致使基础位置不够。

3. 基础放线及标高控制

（1）基础放线

先根据地面上各主要轴线的控制桩，用经纬仪向基坑下投测建筑物的四大角、四廓轴线和其他主轴线。经认真校核后，以此为依据放出细部轴线，再根据基础图所示尺寸，放出基础施工中所需的各种中心线和边线，例如桩心的交线以及梁、柱、墙的中线和边线等。

测设轴线时，有时为了通视和量距方便，不是测设真正的轴线，而是测设其平行线。这时一定要在现场标注清楚，以免用错。另外，一些基础桩、梁、柱、墙的中线不一定与建筑轴线重合，而是偏移某个尺寸，因此要认真按图施测，防止出错。

如果是在垫层上放线，可把有关轴线和边线直接用墨线弹在垫层上；由于基础轴线的位置决定了整个高层建筑的平面位置和尺寸，因此施测时要严格检核，保证精度。如果是在基坑下做桩基，则测设轴线和桩位时，宜在基坑护壁上设立轴线控制桩，既能保留较长时间，也便于施工时用来复核桩位和测设桩顶上的承台和基础梁等。

从地面往下投测轴线时，一般使用经纬仪投测法。由于俯角较大，为了减小误差，每个轴线点均应盘左、盘右各投测一次，然后取中数。

（2）基础标高测设

基坑完成后，应及时用水准仪根据地面上的 ±0.000 水平线，将高程引测到坑底，并在基坑护坡的钢板或混凝土桩上做好标高为负的整米数的标高线。由于基坑较深，引测时可多设几站观测，也可用悬吊钢尺代替水准尺进行观测。在施工过程中，如果是桩基，要控制好各桩的顶面高程；如果是箱基和筏基，则直接将高程标志测设到竖向钢筋和模板上，作为安装模板、绑扎钢筋和浇筑混凝土的标高依据。

## 四、高层建筑的轴线投测

高层建筑的轴线投测是将建筑物基础轴线向高层引测，保证各层相应的轴线位于同一竖直面内。

有关规范对于不同结构的高层建筑施工的竖向精度有不同的要求。为了保证总的竖向施工误差不超限，层间垂直度测量偏差不应超过 3mm，建筑全高垂直度测量偏差不应超过 3H/10000（H 建筑高度），且不应大于：

30m<H<60m 时，±10mm；

60m<H<90m 时，±15mm；

90m<H 时，±20mm。

轴线投测的方法有以下几种。

### （一）吊锤线法

一般建筑在施工中常用较重的特别重锤悬吊在建筑物楼板或柱顶边缘，

当垂球尖对准基础或墙底设立的定位轴线时，在楼层定位出各层的主轴线，再用钢尺校核各轴线间距，然后继续施工。该法简单易行，不受场地限制，一般能保证施工质量。但当风力较大或层数较多时，误差较大，可用经纬仪投测。

在高层建筑施工时，常在底层适当位置设置与建筑物主轴线平行的辅助轴线。在辅助轴线端点处预埋一块小铁板，上面划以十字丝，交点上冲一小孔，作为轴线投测的标志。在每层楼的楼面相应的位置处都预留孔洞（也叫垂准孔），面积 30cm×30cm，供吊垂球用。投测时在垂准孔上安置十字架，挂上钢丝悬吊的垂球，对准底层预埋标志；当垂球线静止时固定十字架，而十字架中心则为辅助线在楼面上的投测点，并在洞口四周做出标志，作为以后恢复轴线及放样的依据。用此方法逐层向上悬吊引测轴线和控制结构的竖向测量，如用铅直的塑料管套着线坠线，并采用专用观测设备，则精度更高。此方法较为费时费力，只有在缺少仪器而不得已时才采用。

### (二) 经纬仪投测法

通常将经纬仪安置于轴线控制桩上，分别以正、倒镜两个盘位照准建筑物底部的轴线标志，向上投测到上层楼面上，取正、倒镜两投测点的中点，即得投测在该层上的轴线点。按此方法分别在建筑物纵、横轴线的四个轴线控制桩上安置经纬仪，就可在同一层楼面上投测出四个轴线交点。其连线也就是该层面上的建筑物主轴线，据此再测设出层面上的其他轴线。

要保证投测质量，使用的经纬仪必须经过严格的检验与校正，尤其是照准部水准管轴应严格垂直于仪器竖轴。投测时应注意照准部水准管气泡要严格居中。为防止投测时仰角过大，经纬仪距建筑物的水平距离要大于建筑物的高度。当建筑物轴线投测增至相当高度时，轴线控制桩离建筑物较近，经纬仪视准线向上投测的仰角增大，不但点位投测的精度降低，且观测操作也不方便。为此，必须将原轴线控制桩延长引测到远处的稳固地点或附近大楼的屋面上，然后再向上投测。为避免日照、风力等不良影响，宜在阴天、无风时进行观测。

### (三) 激光铅垂仪投测法

对高层建筑及建筑物密集的建筑区，用吊垂线法和经纬仪投测已不能适应工程建设的需要。10层以上的高层建筑应利用激光铅垂仪投测轴线，使用方便，精度高，速度快。

激光铅垂仪是一种供铅直定位的专用仪器，适用于高层建筑、烟囱和高塔架的铅直定位测量。该仪器主要由氦氖激光器、竖轴、发射望远镜、管水准器和基座等部件组成。置平仪器上的水准管气泡后，仪器的视准轴处于铅垂位置，可以据此向上或向下投点。采用此方法应设置辅助轴线和垂准孔，供安置激光铅垂仪和投测轴线之用。

使用时将激光铅垂仪安置在底层辅助轴线的预埋标志上，严格对中、整平，接通激光电源，起辉激光器，即可发射出铅直激光基准线。当激光束指向铅垂方向时，在相应楼层的垂准孔上设置接收靶即可将轴线从层底传至高层。

轴线投测要控制与检校轴线向上投测的竖直偏差值在本层内不超过5mm，全楼的积累偏差不超过20mm。一般建筑，当各轴线投测到楼板上后，用钢尺丈量其间距作为校核，其相对误差不得大于1/2000；高层建筑，量距精度要求较高，且向上投测的次数越多，对距离测设精度要求越高，一般不得低于1/10000。

### 五、高层建筑的高层传递

在多层或高层建筑施工中，要由下层楼面向上层传递高程，以使上层楼板、门窗口、室内装修等工程的标高符合设计要求。楼面标高误差不得超过 ±10mm。传递高程的方法有以下几种。

### (一) 利用钢尺直接丈量

在标高精度要求较高时，可用钢尺沿某一墙角自 ±0.000 标高处起向上直接丈量，把高程传递上去。然后根据下面传递上来的高程立皮数杆，作为该层墙身砌筑和安装门窗、过梁及室内装修、地坪抹灰时控制标高的依据。

## （二）悬吊钢尺法（水准仪高程传递法）

根据多层或高层建筑物的具体情况也可用钢尺代替水准尺，用水准仪读数，从下向上传递高程。由地面上已知高程点 A 向建筑物楼面 B 传递高程，先从楼面上（或楼梯间）悬挂一支钢尺，钢尺下端悬一重锤。在观测时，为了使钢尺比较稳定，可将重锤浸于一装满油的容器中。然后在地面及楼面上各安置一台水准仪，按水准测量方法同时读数，则楼面上 B 点的高程即可得出。

## （三）全站仪天顶测高法

利用高层建筑中的垂准孔（或电梯井等），在底层控制点上安置全站仪，置平望远镜（屏幕显示垂直角为 0° 或天顶距为 90° ），然后将望远镜指向天顶（天顶距为 0° 或垂直角为 90° ），在需要传递高层的层面垂准孔上安置反射棱镜，即可测得仪器横轴至棱镜横轴的垂直距离；加仪器高，减棱镜常数（棱镜面至棱镜横轴的高度），就可以算得高差。

## 六、框架结构吊装测量

近来，我国多（高）层民用建筑越来越多地采用装配式钢筋混凝土框架结构。高层建筑中有的采用中心筒体为钢筋混凝土结构，而其周边梁柱框架均采用钢结构，这些预制构件在建筑场地进行吊装时，应进行吊装测量控制，进行构件的定位、水平和垂直校正。其中，柱子的定位和校正是重要环节，它直接关系到整个结构的质量。柱子的观测校正方法与工业厂房柱子的定位和校正相同，但难度更高，操作时还应注意以下几点：

（1）对每根柱子随着工序的进展和荷载变化需要重复多次校正和观测垂直偏移值。是在起重机脱钩以后、电焊以前对柱子进行初校。在多节柱接头电焊、梁柱接头电焊时，因钢筋收缩不均匀，柱子会产生偏移，尤其是在吊装梁及楼板后，柱上增加了荷载；若荷载不对称时柱的偏移更为明显，都应进行观测。对数层一节的长柱，在多层梁、板吊装前后，都需观测和校正柱的垂直偏移值，保证柱的最终偏移值控制在容许范围内。

（2）多节柱分节吊装时，要确保下柱节的位置正确，否则可能会导致上层形成无法矫正的累积偏差。下节柱经校正后虽其偏差在容许范围内，但仍有偏差，此时吊装上节柱时，若根据标准定位中心线观测就位，则在柱子接头处钢筋往往对不齐；若按下节柱的中心线观测就位，则会产生累积误差。为保证柱的位置正确，一般采用的方法是上节柱的底部就位时，应对准标准定位中心与下柱中心线的中点；在校正上节柱的顶部时，仍应以标准定位中心为准。吊装时，依此法向上进行观测校正。

（3）对高层建筑和柱子垂直度有严格控制的工程，宜在阴天、早晨或夜间无阳光影响时进行柱子校正。

# 第四节　工业建筑施工测量

## 一、工业厂房控制网的测设

凡工业厂房或连续生产系统工程，均应建立独立矩形控制网，作为施工放样的依据。厂房控制网分为三级：第一级是机械传动性能较高、有连续生产设备的大型厂房和焦炉等，第二级是有桥式吊车的生产厂房，第三级是没有桥式吊车的一般厂房。

### (一) 控制网测设前的准备工作

工业厂房控制网测设前的准备工作主要包括制定测设方案、计算测设数据和绘制测设略图。

1. 制定测设方案

厂房矩形控制网的测设方案，通常是根据厂区的总平面图、厂区控制网、厂房施工图和现场地形情况等资料来制定的。其主要内容为确定主轴线位置、矩形控制网位置、距离指标桩的点位、测设方法和精度要求。

在确定主轴线点及矩形控制网位置时，应注意以下几点：

（1）要考虑到控制点能长期保存，应避开地上和地下管线。

（2）主轴线点及矩形控制网位置应距厂房基础开挖边线以外 1.5～4m。

（3）距离指标桩即沿厂房控制网各边每隔若干柱间距埋设一个控制桩，故其间距一般为厂房柱距的倍数，但不要超过所用钢尺的整尺长。

2.计算测设数据

根据测设方案要求测设方案中要求测设的数据。

3.绘制测设略图

根据厂区的总平面图、厂区控制网、厂房施工图等资料，按一定比例绘制测设略图，为测设工作做好准备。

### （二）大型工业厂房控制网的测设

对于大型或设备基础复杂的厂房，施测精度要求较高。为了保证后期测设的精度，其矩形厂房控制网的建立一般分两步进行。首先依据厂区建筑方格网精确测设出厂房控制网的主轴线及辅助轴线（可参照建筑方格网主轴线的测设方法进行）。当校核达到精度要求后，再根据主轴线测设厂房矩形控制网，并测设各边上的距离指示桩。一般距离指示桩位于厂房柱列轴线或主要设备中心线方向上。最终应进行精度校核，直至达到要求。大型厂房的主轴线的测设精度，边长的相对误差不应超过 1/30000，角度偏差不应超过 $\pm 5''$。

### （三）厂房扩建与改建控制测量

在对旧厂房进行扩建或改建前，最好能找到原有厂房施工时的控制点，作为扩建与改建时进行控制测量的依据；但原有控制点必须与已有的吊车轨道及主要设备中心线联测，将实测结果提交设计部门。

对于原厂房控制点已不存在时，应按下列不同情况恢复厂房控制网：

（1）厂房内有吊车轨道时，应以原有吊车轨道的中心线为依据。

（2）扩建与改建的厂房内的主要设备与原有设备有联动或衔接关系时，应以原有设备中心线为依据。

（3）厂房内无重要设备及吊车轨道，可以以原有厂房柱子中心线为依据。

## 二、工业建筑物放样

### （一）工业建筑物放样的概念

工业建筑物放样是根据工业建筑物的设计，以一定的精度将其主要轴线和大小转移到实地上去，并将其固定起来。工业建筑物放样是建筑物施工的准备工作，是施工过程的一个开端。不进行工业建筑物的放样，一切建筑物就不可能正确地、有计划地进行施工。

### (二) 工业建筑物放样要求

工业建筑物放样的工作主要包括直线定向、在地面上标定直线并测设规定的长度、测设规定的角度和高程。进行工业建筑物施工放样应符合下列要求：

(1) 工业建筑物放样是以一定的精度将设计的点位在地面上标定出来。在测图时，测量工作的精度应与测图的比例尺相适应，尽可能地使测量中所产生的误差不大于相应比例尺的图解精度。

(2) 在建筑物放样时，在地面上标定建筑物每个点的绝对误差不决定于建筑物设计图的比例尺。

(3) 建筑物的放样工作，应与施工的计划和进度相配合。在进行放样以前，应当在建筑工地上妥善地组织测量工作。对于小型建筑物的放样工作通常由施工人员自己进行。对于建筑物结构复杂，放样精度要求较高的大、中型建筑物的放样工作应用精密的测量仪器，由经验丰富的测量工作者来进行。

### (三) 工业建筑物放样精度

工业建筑物放样精度是一个重要的、基本的问题，常要进行深入、细致的研究。设计和施工部门应根据他们自己公布的精度标准和实践经验进行广泛的讨论。当设计和施工部门在规定某种建筑物的放样精度时，必须具有足够的科学依据。

在工业建筑物的设计过程中，其尺寸的精度分为建筑物主轴线对周围物体相对位置的精度和建筑物各部分对其主轴线的相对位置的精度两种。

1. 建筑物主轴线与周围物体相对位置的精度

建筑物的位置在技术上与经济上的合理性，与其所在地区的地面情况有密切的关系。因在选择建筑物的地点前，要进行一系列综合性的技术经济调查。

　　当建筑物布置在现有建筑物中间时，可能会遇到各种情况：如建筑物轴线的方向应平行于现有建筑物，并且离开最近建筑物要有规定的距离；也可能要求在实地上定出建筑物的主轴线，这样会给测量工作者的实际工作带来很多困难。为了进行此项工作，必须预先拟定放样方案和进行计算。在这种情况下，轴线放样的精度取决于控制点相互位置的精度。

　　2. 建筑物各部分与其主轴线相对位置的精度

　　建筑物各部分与其主轴线相对位置的精度决定于表6-1中各类因素的影响。

表6-1　建筑物各部分与其主轴线相对位置的精度的决定因素

| 序号 | 决定因素 | 分析内容 |
|---|---|---|
| 1 | 建筑物各元素 | 在设计过程中，建筑物各个元素的尺寸和建筑物各部分相互间的位置，可以用不同的方法求得，如进行专门的计算、根据标准图设计或者用图解法进行设计等。其中：<br>(1) 专门计算所求得的尺寸精度最高；<br>(2) 根据标准图设计时，建筑物各部分的尺寸精度达到 0.5～1.0cm；<br>(3) 用图解法设计时，所求得的尺寸精度较低。 |
| 2 | 尺寸的精度 | 建造建筑物所用的材料对于放样工作的精度具有很大的影响。例如，对于土工建筑物的尺寸精度是难以做到很精确的。因此，确定这些建筑物的轴线位置和外廓尺寸的精度要求是不高的。对于木料和金属材料建造的建筑物，其放样精度较高。对于砖石和混凝土建造的建筑物，其放样的精度居中。 |
| 3 | 建筑物所处的位置 | 对于空旷地面上的建筑物，往往较建筑物处在其他建筑物中间的精度要求较低。对于城市里的建筑物通常要求较高的放样精度。 |
| 4 | 建筑物之间有无传动设备 | 工业建筑物中往往有连续生产用的传动设备，这些设备是在工厂中预先造好而运到施工现场进行安装的。显然，要在现场安装这种设备的建筑物，其相对位置及大小必须精确地进行放样，否则将会给传动设备的安装带来困难。 |
| 5 | 建筑物的大小 | 建筑物的尺寸决定放样的相对精度，通常是随着建筑物的尺寸的增加而提高，并且总是成正比例地增加，这是为了保证点位的绝对精度。 |

续表

| 序号 | 决定因素 | 分析内容 |
|---|---|---|
| 6 | 施工程序和方法 | 新的施工方法大部分的工作都是平行进行，而通常是将预制的建筑物构件在工地上进行安装。显然，旧有的逐步施工方法，其放样的精度是不高的，因为后面建造的建筑物各部分的尺寸，可以根据前面已采用的尺寸来确定。而同时施工时，建筑物各部分的尺寸同时相互影响，这就要求较高的放样精度。 |
| 7 | 建筑物的用途 | 永久性建筑物比临时性建筑物在建造和表面修饰上要仔细，因此，这些建筑物放样的精度也要提高。 |
| 8 | 美学上的理由 | 美学上的考虑也常影响放样的精度。有些建筑物，在施工过程中，它对放样的精度并不要求很高，可是为了某种美学上的理由往往要求提高放样精度。 |

### 三、工业建筑物结构施工测量

#### (一) 建筑物结构基础施工测量

1. 混凝土杯形基础施工测量

混凝土杯形基础施工测量方法及步骤如下：

（1）柱基础定位。柱基础定位是根据工业建筑平面图，将柱基纵横轴线投测到地面上去，并根据基础图放出柱基挖土边线。

（2）基坑抄平。基坑开挖后，当快要挖到设计标高时，应在基坑的四壁或者坑底边沿及中央打入小木桩。在木桩上引测同一高程的标高，以便根据标高拉线修整坑底和打垫层。

（3）支立模板。打好垫层后，应根据已标定的柱基定位桩在垫层上放出基础中心线，作为支模板的依据。支模上口还可由坑边定位桩直接拉线，用吊垂球的方法检查其位置是否正确。然后在模板的内表面用水准仪引测基础面的设计标高，并画出标明。在支杯底模板时，应注意使实际浇筑出来的杯底顶面比原设计的标高略低 3 ~ 5cm，以便拆模后填高修平杯底。

（4）杯口中心线投点与抄平

①杯口中心线投点。柱基拆模后，应根据矩形控制网上柱中心线端点，用经纬仪把柱中线投到杯口顶面，并绘标志标明。中线投点有以下两种

方法：

方法一：将仪器安置在柱中心线的一个端点，照准另一端点而将中线投到杯口上。

方法二：将仪器置于中心线上的合适位置，照准控制网上柱基中心线两端点，采用正倒镜法进行投点。

②杯口中心线抄平。为了修平杯底，须在杯口内壁测设某一标高线，该标高线应比基础顶面略低 3 ~ 5cm。与杯底设计标高的距离为整分米数，以便根据该标高线修平杯底。

2. 钢柱基础施工测量

（1）柱基础定位。钢柱基础定位的方法与上述混凝土杯形基础"柱基础定位"的方法相同。

（2）基坑抄平。钢柱基础基坑抄平的方法与上述混凝土杯形基础"基坑抄平"的方法相同。

（3）垫层中线投点的抄平

①垫层中线投点。垫层混凝土凝结后，应在垫层面上进行中线点投测，并根据中线点弹出墨线，绘出地脚螺栓固定架的位置。

②垫层中线抄平。在垫层上绘出螺栓固定架位置后，即在固定架外框四角处测出四点标高，以便用来检查并整平垫层混凝土面，使其符合设计标高，便于固定架的安装。如基础过深，从地面上引测基础底面标高，标尺不够长时，可采取挂钢尺法。

（4）固定架中线投点与抄平

①固定架的安置。固定架是指用钢材制作，用以固定地脚螺栓及其他埋件的框架。根据垫层上的中心线和所画的位置将其安置在垫层上，然后根据在垫层上测定的标高点，借以找平地脚，使其与设计标高相符合。

②固定架抄平。固定架安置好后，用水准仪测出四根横梁的标高，以检查固定架标高是否符合设计要求。固定架标高满足要求后，将固定架与底层钢筋网焊牢，并加焊钢筋支撑。若系深坑固定架，在其脚下需浇灌混凝土，使其稳固。

③中线投点。在投点前，应对矩形边上的中心线端点进行检查，然后根据相应两端点，将线投测于固定架横梁上，并刻绘标志。

（5）地脚螺栓的安装与标高检测。地脚螺栓安装时，应根据垫层上和固定架上投测的中心点把地脚螺栓安放在设计位置。为了测定地脚螺栓的标高，在固定架的斜对角处焊两根小角钢。在两角钢上引测同一数值的标高点，并刻绘标志，其高度应比地脚螺栓的设计高度稍低一些。然后在角钢上两标点处拉一细钢丝，以定出螺栓的安装高度。待螺栓安好后，测出螺栓第一丝扣的标高。

（6）支立模板与混凝土浇筑

①支立模板。钢柱基础支立模板的方法与上述混凝土杯形基础"支立模板"的方法相同。

②混凝土浇筑。重要基础在浇筑过程中，为了保证地脚螺栓位置及标高的正确，应进行看守观测；如发现变动，应立即通知施工人员及时处理。

（7）安放地脚螺栓。钢柱基础施工时，为节约钢材，采用木架安放地脚螺栓，将木架与模板连接在一起。在模板与木架支撑牢固后，即在其上投点放线。地脚螺栓安装以后，检查螺栓第一丝扣标高是否符合要求，合格后即可将螺栓焊牢在钢筋网上。因木架稳定性较差，为了保证质量，模板与木器必须支撑牢固，在浇筑混凝土过程中必须进行看守观测。

3. 混凝土柱基础、柱身与平台施工测量

当基础、柱身到上面的每层平台采用现场捣制混凝土的方法进行施工时，配合施工要进行的测量工作如下：

（1）基础中心投点及标高测设。基础混凝土凝固拆模后，应根据控制网上的柱子中心线端点，将中心线投测在靠近柱底的基础面上，并在露出的钢筋上抄出标高点，以供在支柱身模板时定柱高及对正中心之用。

（2）柱子垂直度测量。柱身模板支好后，用经纬仪对柱子的垂直度进行检查。柱子垂直度的检查一般采用平行线投点法，其施测步骤如下：

第一步：在柱子模板上端根据外框量出柱中心点，和柱下端的中心点相连弹以墨线。

第二步：根据柱中心控制点 A、B 测设 AB 的平行线 A'B'，其间距为 1～1.5m。

第三步：将经纬仪安置于 B 点，照准 A，由一人在柱上持木尺，并将木尺横放，使尺的零点水平地对正模板上端中心线。

第四步：转动望远镜，仰视木尺，若十字丝正好对准 lm 或 1.5m 处，则柱子模板正好垂直；否则，应将模板向左或向右移动，达到十字丝正好对准 1m 或 1.5m 处。

对于通视条件差，不宜于采用平行线法进行柱子垂直度检查时，可先按上法校正一排或一列首末两根柱子，中间的其他柱子可根据柱行或列间的设计距离丈量其长度加以校正。

（3）柱顶及平台模板抄平。柱子模板校正以后，应选择不同行列的二、三根柱子，用钢尺从柱子下面已测好的标高点沿柱身向上量距，引测二、三个同一高程的点于柱子上端模板上。然后在平台模板上设置水准仪，以引上的任一标高点做后视，施测柱顶模板标高，再闭合于另一标高点以资校核。平台模板支好后，必须用水准仪检查平台模板的标高和水平情况。

（4）高层标高引测与柱中心线投点。第一层柱子及平台混凝土浇筑好后，应将中线及标高引测到第一层平台上，用钢尺根据柱子下面已有的标高点沿柱身量距向上引测。

向高层柱顶引测中线的方法一般是将仪器安置在柱中心线端点上，照准柱子下端的中线点，仰视向上投点。

## （二）柱子安装测量

1. 柱子安装测量基本要求

柱子安装的要求是保证平面与高程位置符合设计要求，柱身垂直。测量时应符合下列要求：

（1）柱子中心线应与相应的柱列中心线一致，其允许偏差为 ±5mm。

（2）牛腿顶面及柱顶面的实际标高应与设计标高一致，其允许偏差为：当柱高≤ 5m 时，应不大于 ±5mm；柱高 >5m 时，应不大于 ±8mm。

（3）柱身垂直允许误差：当柱高≤ 10m 时，应不大于 10mm；当柱高超过 10m 时，限差为柱高的 1‰，且不超过 20mm。

2 柱子安装时的测量工作

（1）弹出柱基中心线和杯口标高线。根据柱列轴线控制桩，用经纬仪将柱列轴线投测到每个杯形基础的顶面上，弹出墨线。当柱列轴线为边线时，应平移设计尺寸，在杯形基础顶面上加弹出柱子中心线，作为柱子安装定位的依据。根据 ±0.000 标高，用水准仪在杯口内壁测设一条标高线，标高线与杯底设计标高的差应为一个整分米数，以便从这条线向下量取，作为杯底找平的依据。

（2）弹出柱子中心线和标高线。在每根柱子的三个侧面，用墨线弹出柱身中心线，并在每条线的上端和接近杯口处，各画一个红"▶"标志，供安装时校正使用。从牛腿面起，沿柱子四条棱边向下量取牛腿面的设计高程，即为 ±0.000 标高线，弹出墨线，画上红"▼"标志，供牛腿面高程检查及杯底找平用。

（3）柱子垂直校正测量。进行柱子垂直校正测量时，应将两架经纬仪安置在柱子纵、横中心轴线上，且距离柱子约为柱高的 1.5 倍的地方，先照准柱底中线，固定照准部，再逐渐仰视到柱顶。若中线偏离十字丝竖丝，表示柱子不垂直，可指挥施工人员采用调节拉绳、支撑或敲打楔子等方法使柱子垂直。经校正后，柱的中线与轴线偏差不得大于 ±5mm；柱子垂直度容许误差为 H/1000，当柱高在 10m 以上时，其最大偏差不得超过 ±20mm；柱高在 10m 以内时，其最大偏差不得超过 ±10mm。满足要求后，要立即灌浆，以固定柱子的位置。

# 第五节　特殊平面图形建筑物施工测量

## 一、三角形建筑施工测量

### （一）三角形建筑简介

三角形建筑也可称为点式建筑。三角形的平面形式在高层建筑中最为多见，有的建筑平面直接为正三角形，有的在正三角形的基础上又有变化，从而使平面形式多种多样。正三角形建筑物的施工放样其实并不复杂，首先应确定建筑物的中心轴线或某一边的轴线位置，然后放出建筑物的全部尺寸线。

### (二) 三角形建筑施工测量步骤

图 6-3 所示为某大楼平面，呈三角形点式形状。该建筑物有三条主要轴线，三轴线交点距两边规划红线均为 30m。其施工放样步骤如下：

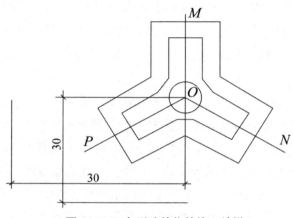

**图 6-3 三角形建筑物的施工放样**

（1）根据总设计平面图给定的数据，从两边规划红线分别量取 30m，得此点式建筑的中心点。

（2）测定出建筑物北端中心轴线 OM 的方向，并定出中点位置 M（OM=15m）。

（3）将经纬仪架设于 O 点，先瞄准 M 点，将经纬仪以顺时针方向转动 120°，定出房屋东南方向的中心轴线 ON，并量取 ON-15m，定出 N 点。再将经纬仪以顺时针方向转动 120°，同样方法定出西南中心点 P。

（4）因房屋的其他尺寸都是直线的关系，根据平面图所给的尺寸，测设出整个楼房的全部轴线和边线位置，并定出轴线桩。

## 二、圆弧形建筑施工测量

### (一) 圆弧形建筑简介

圆弧形的建筑物应用较为广泛，如住宅建筑、办公楼建筑、旅馆饭店建筑、医院建筑、交通性建筑等常有采用；形式也极为丰富多彩——有的是整个建筑物为圆弧平面图形，有的是建筑物平面为一组圆弧曲线形，有的是圆弧形平面与其他平面的组合平面图形，有的是建筑物局部采用圆弧形，如乐池、座位排列、楼层挑台、顶棚天花等。

**(二) 圆弧形平面曲线图形现场施工放线**

圆弧形平面曲线图形的现场施工放线，方法较多，有直接拉线法、几何作图法、坐标计算法以及经纬仪测角法等。

1. 直接拉线法

直接拉线法适用于圆弧半径较小的情况。根据设计总平面图，先定出建筑物的中心位置和主轴线；再根据设计数据，即可进行施工放样操作。

（1）施工放线要求。应用直接拉线法进行圆弧形平面曲线图形施工放线时，应注意以下问题：

①直接拉线法主要根据设计总平面图，实地测设出圆的中心位置，并设置较为稳定的中心桩。由于中心桩在整个施工过程中要经常使用，所以桩要设置牢固并应妥善保护。中心处应钉一圆钉（中心桩为木桩时）或埋设一短头钢筋（中心桩为水泥管、砖砌或混凝土桩时）。

②为防止中心桩发生碰撞移位或因挖土被挖出，四周应设置辅助桩。为了确保中心桩位置正确，应对中心桩加以复核或重新设置。使用木桩时，木桩中心处钉一小钉；使用水泥桩时，在水泥桩中心处应埋设钢筋。将钢尺的零点对准圆心处中心桩上的小钉或钢筋，依据设计半径，画圆弧即可测设出圆曲线。

（2）施工改线步骤。用直接拉线法进行现场施工放线，步骤如下：

①根据厂区道路中心线确定圆弧形建筑中心圆点（O 点），并设置中心桩。

②在建筑中心圆点（O 点）处安置经纬仪，后视 A 点（或 B 点），然后转角45°，确定圆弧形建筑物的中轴线。

③在中轴线上从 O 点量取不同的距离 $R_1$、$R_2$ 和 $R_3$，定出建筑物柱廊、前沿墙和后沿墙的轴线尺寸。

④将中心桩上的圆钉或钢筋头用钢尺套住，分别以 $R_1$、$R_2$、$R_3$ 画圆，所画出之三道圆弧即为柱廊、前沿墙和后沿墙的轴线位置。

⑤根据半圆中桩廊六等分的设计要求，继续定出各开间的放射形中心轴线。

⑥在各放射中心轴线的内、外侧钉好龙门板（桩），然后再定出挖土、基础、墙身等结构尺寸和局部尺寸。

2. 几何作图法

几何作图法又称直接放样法、弦点作图法，即在施工现场采用直尺，角尺等作图工具直接进行圆弧形平面曲线的放样作图。该方法不需要进行任何计算就能在施工现场直接放出具有一定精度的圆弧形平面曲线的大样。一般放线人员容易掌握。

3. 坐标计算法

坐标计算法适用于当圆弧形建筑平面的半径尺寸很大，圆心已远远超出建筑物平面以外，无法用直接拉线法时。

坐标计算法一般是先根据设计平面图所给条件建立直角坐标系，进行一系列计算，并将计算结果列成表格后，根据表格再进行现场施工放样。因此，该法的实际现场的施工放样工作比较简单，而且能获得较高的施工精度。

坐标计算法，一般将计算结果最终列成表格，供放线人员使用，因此实际现场施工放线工作比较简单。

### 三、抛物线形建筑施工测量

如图 6-4 所示，因为采用坐标系不同，曲线的方程式也不同。在建筑工程测量中的坐标系和数学中的坐标系有所不同，即 x 轴和 y 轴正好相反。建筑工程中用于拱形屋顶大多采用抛物线形式。

用拉线法放抛物线方法如下：

（1）用墨斗弹出 x、y 轴，在 x 轴上定出已知交点 O 和顶点 M、准点 d 的位置，并在 M 点钉铁钉作为标志。

（2）作准线。用曲尺经过准线点作 x 轴的垂线 L，将一根光滑的细铁丝拉紧与准线重合，两端钉上钉子固定。

（3）将等长的两条线绳松松地搓成一股，一端固定在 M 点的钉子上，另一端用活套环套在准线铁丝上，使线绳能沿准线滑动。

(4) 将铅笔夹在两线绳交叉处，从顶点开始往后拖，使搓的线绳逐渐展开。在移动铅笔的同时，应将套在准线上的线头徐徐向 y 方向移动，并用曲尺掌握方向，使这股绳一直保持与 x 轴平行，便可画出抛物线。

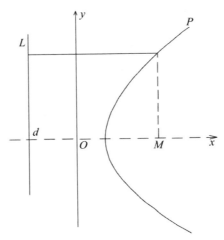

图 6-4　抛物线建筑物的施工放样

## 四、双曲线形建筑施工测量

(1) 根据总平面图，测设出双曲线平面图形的中心位置点和主轴线方向。

(2) 在工轴方向上，以中心点为对称点，向上、向下分别取相应数值得相应点。

(3) 将经纬仪分别架设于各点，作 90° 垂直线，定出相应的各弧分点，最后将各点连接起来，即可得到符合设计要求的双曲线平面图形。

(4) 各弧分点确定后，在相应位置设置龙门桩（板）。

另外，对于双曲线来讲，也可以用直接拉线法来放线。因为双曲线上任意一点到两个交点的距离之差为一常数。这样，在放样时先找到两个交点，然后做两根线绳——一条长一条短，相差为曲线交点的距离。两线绳端点分别固定在两个交点上，作图即可。

# 参考文献

[1] 朱志铎 . 岩土工程勘察 [M]. 南京：东南大学出版社，2022.

[2] 余挺 . 覆盖层工程勘察钻探技术与实践 [M]. 北京：中国电力出版社，2019.

[3] 胡郁乐，张惠 . 钻探信息测试技术与工程案例 [M]. 武汉：中国地质大学出版社，2021.

[4] 于庆，王翔敏 . 岩土工程施工 [M]. 徐州：中国矿业大学出版社，2022.

[5] 郭霞，陈秀雄，温祖国 . 岩土工程与土木工程施工技术研究 [M]. 北京：文化发展出版社，2021.

[6] 余正良，王东，龚丕仁 . 岩土工程施工技术与实践 [M]. 武汉：华中科技大学出版社，2021.

[7] 张广兴，张乾青 . 工程地质 [M]. 重庆：重庆大学出版社，2020.

[8] 刘兴智，王楚维，马艳 . 地质测绘与岩土工程技术应用 [M]. 长春：吉林科学技术出版社，2022.

[9] 李长青，张倩斯，赵小平，等 . 测绘地理信息智能应用基础 [M]. 北京：测绘出版社，2023.

[10] 速云中，张倩斯，侯林锋，等 . 测绘地理信息智能应用实践 [M]. 北京：测绘出版社，2023.

[11] 马瑗苑 . 现代地质测绘技术与发展研究 [M]. 哈尔滨：哈尔滨工业大学出版社，2019.

[12] 李潮雄，田树斌，李国锋 . 测绘工程技术与工程地质勘察研究 [M]. 北京：文化发展出版社，2019.

[13] 解英芳，王春安，甘雨 . 地质勘查工程与测绘技术实践 [M]. 哈尔滨：哈尔滨地图出版社，2020.

[14] 林长进 . 建筑施工测量 [M].2 版 . 北京：北京出版社，2021.

[15] 林清辉，王仁田 . 建筑施工测量 [M].2 版 . 北京：高等教育出版社，2021.

[16] 尤忆，王仁田 . 建筑施工测量 [M].3 版 . 北京：高等教育出版社，2024.